U0807543

全国监理工程师职业资格考试红宝书

建设工程质量控制（土木建筑工程）历年真题解析及预测（2024）

主　编　左红军
副主编　闫力齐

机 械 工 业 出 版 社

前　言
——60 分导学

历年真题是考试科目命题的风向标，也是考生顺利通过 60 分的生命线，在经过搭建框架、填充细节、反复锤炼三步程序之后，对历年真题精练 3 遍，《质量控制》60 分就能稳操胜券。所以，历年真题精解是考生应试的必备资料。

一、政策导向

2020 年 02 月 28 日，住房和城乡建设部、交通运输部、水利部、人力资源和社会保障部联合印发了《监理工程师职业资格制度规定》《监理工程师职业资格考试实施办法》的通知。

此次监理制度改革，意在贯彻落实国务院“放管服”改革要求，加快建立公开、科学、规范的职业资格制度，持续激发市场主体创造活力。因此，最新颁布的职业资格制度及职业资格考试办法，优化了报考条件，调整和细化了考试的科目设置、命题阅卷等内容。延长考试成绩有效期（由 2 年一个周期调整为 4 年一个周期）。放宽了考试报名条件（取消了“取得中级职称并任职满 3 年”的要求），降低了大学毕业后报考年限，并规定取得监理工程师职业资格可认定其具备中级职称。

二、框架梳理

此次监理制度改革必将使注册监理工程师职业资格考试掀起一波前所未有的热潮。作为考试科目的重头戏——“三控”这张考卷所涵盖的知识面广、维度多、分值也大。其中，《质量控制》是整个“三控”考试的龙头科目，占整个“三控”总分值的 60% 以上。这门课程，按照考试题型可分为两大部分。

第一部分　纯选择题考点

第一部分包括本书第一章、第二章、第四章和第八章。这一部分内容平均每年占 20 分左右，占整个《质量控制》总分值的 1/3。

第一章是对全书核心内容的高度概括，每年占 6 ~ 7 分，占《质量控制》总分值的 10% 左右，占“三控”考试总分的 4.4%。本章总体分值不高，也比较容易拿分。考生要结合工程建设各阶段质量控制内容，掌握参建各方主体在各阶段所对应的质量责任。

第二章平均每年占 5 分。其“高大上”的内容，纯理论化的阐述以及离散性较高的考点，让很多考生看一眼就想放弃。尽管如此，还是希望大家能排除万难，本着“不抛弃，不放弃”任何考点的原则，熟练历年真题，能理解的尽量理解，理解不了的用技巧搞定。

第四章每年占 3 ~4 分。本章内容与我国监理业务实际情况有一定出入。内容不多，要重点掌握勘察、设计工作的具体内容以及两类主体各自承担的责任。监理在“勘察设计阶段”主要是干两件事，一是协助业主选择勘察设计单位，二是审查勘察设计工作成果。

第八章平均每年占 5 分。分采购和监造两节。第一节的重点是“设备采购方式”的选择，这部分内容考频高，考点相对固定，比较容易掌握。第二节“设备监造质量控制”也是要求考生掌握“设备监造单位的工作内容”，由此引申出监理单位对设备监造过程的质量控制。

第二部分　案例相关考点

第二部分包括本书第三章、第五章、第六章和第七章。该部分合计占 40 分以上，占整个《质量控制》总分值的 2/3。《案例分析》每年也会占到 60 分以上。两张卷合计分值超过 100 分。

第三章，每年占 10 分左右，2019 年占 16 分，创近 5 年分值新高。本章主要内容有“质量统计分析和主要检验方法”两部分。往年分值主要集中在第一部分，其考点主要集中在“抽样检验原理”和“质量统计分析方法”。2019 年及以后的考题增加了许多第二部分的内容，为考试增添了更多专业色彩，也确立了今后考试的趋势。

第五 ~ 七章是本书的核心内容。其关联密切，分值较高，每年占 30 分以上。

第五章，每年平均都占 15 分以上。以开工令为分界线，划分“事前”和“事中”两大阶段。选择题考点主要集中在施工前准备阶段，案例题则更倾向于考核监理对施工过程的质量控制。“安全管理”的案例考试分值占比很高，特别是“危大工程安全管理”，在整个案例题中占到 3/4 的篇幅，考生应给予足够重视。

第六章，每年平均占 10 分左右，其核心是三个阶段。第一阶段为施工质量验收；第二阶段为工程竣工验收；第三阶段为工程保修管理。第一阶段是以检验批、分项工程、分部工程为代表的过程验收，第二阶段是以竣工验收为代表的结果验收，第三阶段是以质量保修为代表的售后服务。2020 年新增“城市轨道交通工程施工质量验收”，这部分预计每年占 1 ~2 分。

第七章和第六章一样，平均每年占 10 分左右。本章重点在于每年都会有“如何处理质量缺陷或质量事故”的简答题出现在案例分析的卷面上。对于质量事故的处理流程，教材与部门规章有所出入，导致参加过“一建”考试的考生对这部分内容很不适应。因此，要求大家尽快转换思路，适应考试。

三、增值服务

凡购买本书的考生，可免费获得以下增值服务。

（1）红宝书备考交流群：群内定期更新不同备考阶段精品资料、课程、指导，请扫描微信群二维码加入。

（2）2024 年全章节高频考点习题精讲课及配套讲义（电子版），由左红军师资团队根据历年高频考点、最新考试方向精心录制，涵盖全章节核心考

第一章 建设工程质量管理制度和责任体系

知识框架

节	考点
第一节 工程质量控制	考点一、工程质量特性 考点二、工程质量控制阶段 考点三、工程质量影响因素 考点四、工程质量控制主体 考点五、工程质量控制原则
第二节 质量管理制度	考点一、工程质量监督制度 考点二、施工图审查制度 考点三、施工许可制度 考点四、竣工验收及备案制度 考点五、工程质量保修制度
第三节 参建各方的质量责任	考点一、建设单位的质量责任 考点二、勘察设计单位的质量责任 考点三、监理单位的质量责任 考点四、施工单位的质量责任 考点五、检测机构的质量责任

第一节 工程质量控制

真题实战

1. 建设工程质量特性主要表现方面有（　　）。

A. 适用性　　B. 耐久性　　C. 经济性　　D. 隐蔽性

E. 局限性

2. 建设工程在竣工验收时达到规定的指标，且在规定的使用期内保持正常功能，体现的是建设工程质量的（　　）特性。

A. 耐久性　　B. 安全性　　C. 可靠性　　D. 经济性

考点：建设工程质量七大特性

第二节　质量管理制度

真题实战

39. 政府建设主管部门建立的工程质量管理制度有（　　）。

A. 施工图设计文件审查制度　　B. 建设工程施工许可制度

C. 工程质量保修制度　　D. 工程质量监督制度

E. 工程质量评定制度

导图解析：

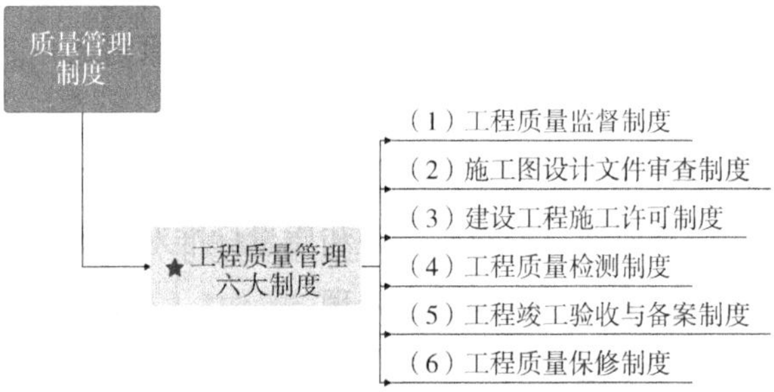

40. 主管部门在履行工程质量监督检查职责时，具有的权力有（　　）。

A. 要求被检查单位提供有关工程质量的文件和资料

B. 要求被检查单位采用指定的品牌材料

C. 进入被检查单位施工现场进行检查

D. 发现并责令改正影响工程质量的问题

E. 拒绝工程竣工验收报告和相关文件的备案

考点：政府监督管理职能

解析：县级以上人民政府建设行政主管部门和其他有关部门履行监督检查职责时，有权采取下列措施：

（1）要求被检查单位提供有关工程质量的文件和资料。

（2）进入被检查单位的施工现场进行检查。

（3）发现有影响工程质量的问题时，责令改正。

41. 选择合适的承包单位是工程质量管理的重要环节，工程承发包管理属于（　　）的管理职能。

A. 业主　　B. 政府

C. 监理单位　　D. 施工单位

导图解析：

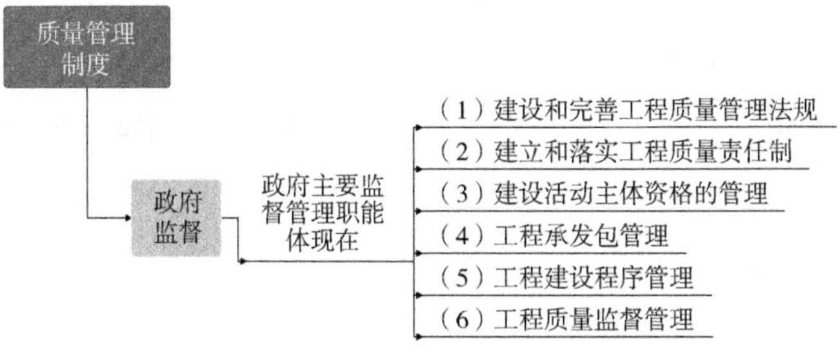

42. 我国建设工程质量监督管理的具体实施者是（　　）。

A. 建设行政主管部门　　B. 工程质量监督机构

C. 监理单位　　D. 建设单位

43. 工程施工过程中，检查施工现场工程建设各方主体的质量行为，是（　　）的主要内容。

A. 建设单位　　B. 监理单位

C. 工程质量监督机构　　D. 工程质量检测机构

44. 工程质量监督机构依法对工程质量进行强制性监督的主要任务有（　　）。

A. 检测现场所用的建筑材料质量

B. 检查施工现场工程建设各主体质量行为

C. 检查工程实体质量

D. 审查施工图涉及工程建设强制性标准的内容

E. 监督工程质量验收

导图解析：

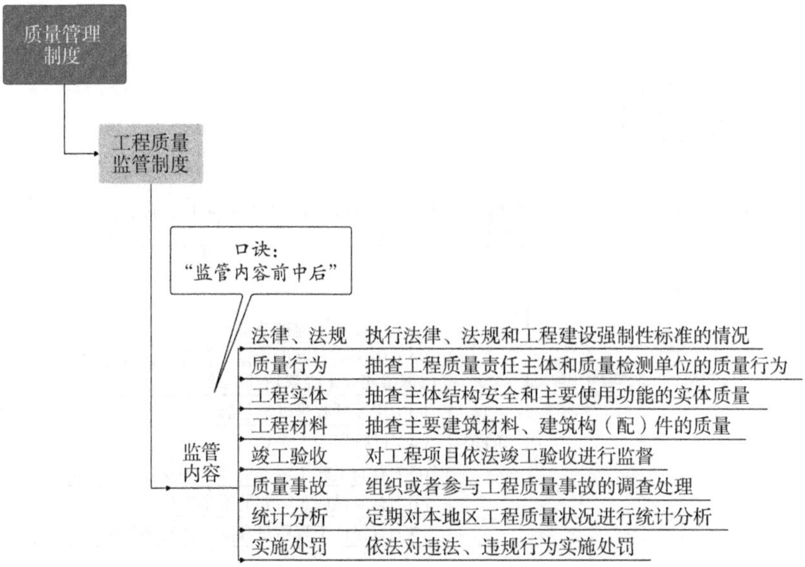

45. 施工图设计文件的审核是根据国家法律、法规、技术标准与规范，对工程项目的结构安全和强制性标准、规范执行情况等进行的独立审查，审查工作由（　　）进行。

A. 建设行政主管部门　　B. 监理单位

C. 质量监督站　　D. 施工图审查机构

导图解析：

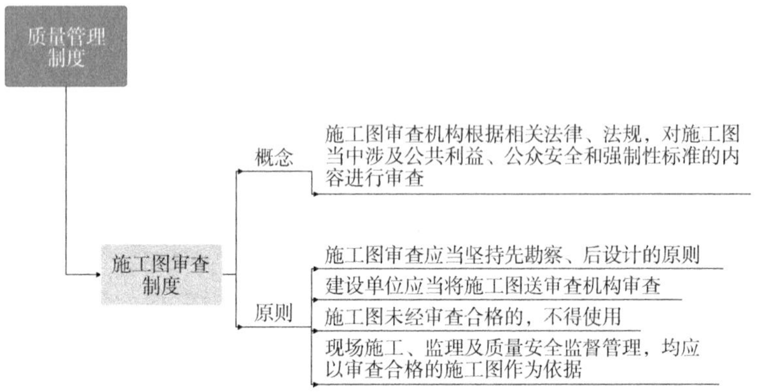

46. 根据《中华人民共和国建筑法》，中止施工满 1 年的工程恢复施工前，建设单位应当进行的工作是（　　）。

A. 重新申请施工许可证　　B. 报发证机关核验施工许可证

C. 申请换发施工许可证　　D. 报发证机关延期施工许可证

47. 根据《建设工程质量管理条例》，在建设工程开工前，应当按照国家有关规定办理工程质量监督手续，可以与工程质量监督手续合并办理的是（　　）。

A. 施工许可证　　B. 招标备案

C. 施工图审查　　D. 委托监理

导图解析：

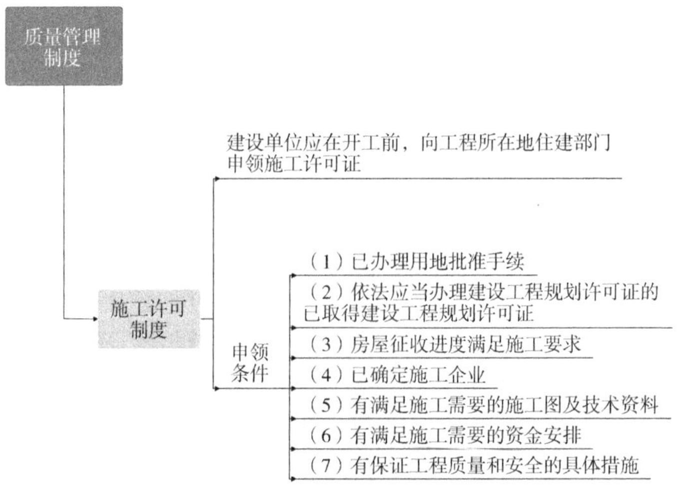

48. 建设单位应自领取施工许可证之日起（　　）内开工，否则应向发证机关申请延期。

A. 3 个月　　B. 6 个月

C. 9 个月　　D. 1 年

考点： 工程质量管理制度——施工许可

解析： 建设单位应当自领取施工许可证之日起 3 个月内开工。因故不能按期开工的，应当向发证机关申请延期；延期以两次为限，每次不超过 3 个月。

49. 根据现行国家标准《建设工程监理规范》（GB/T 50319），单位工程完工后，工程竣工验收应由（　　）组织相关人员进行。

A. 专业监理工程师　　B. 建设单位项目负责人

C. 总监理工程师代表　　D. 施工单位项目代表

50. 工程竣工验收时，应当具备的条件有（　　）。

A. 上级部门的批准文件

B. 完整的技术档案与施工管理资料

C. 工程竣工验收备案表

D. 勘察、设计、施工、监理等单位分别签署的质量合格文件

E. 施工单位签署的工程保修书

51. 建设工程质量保修书应由（　　）出具。

A. 建设单位向建设行政主管部门　　B. 建设单位向用户

C. 承包单位向建设单位　　D. 承包单位向监理单位

52. 根据《建设工程质量管理条例》，建设工程自竣工验收合格之日起 15 日内，（　　）应将竣工验收报告和相关文件报有关行政主管部门备案。

A. 施工单位　　B. 检测单位

C. 监理单位　　D. 建设单位

考点： 工程质量管理制度——竣工验收

解析： 建设单位应在竣工验收合格之日起 15 日内，将竣工验收报告和相关文件，报城市建设主管部门备案。

53. 建设单位应当自建筑工程竣工验收合格起（　　）日内，向工程所在地县级以上人民政府建设行政主管部门备案。

A. 15　　B. 20

C. 25　　D. 30

54. 根据《房屋建筑和市政基础设施工程竣工验收备案管理办法》，工程竣工验收合格后，负责向工程所在地县级以上地方人民政府建设主管部门进行工程竣工验收备案的单位是（　　）。

A. 建设单位　　　　B. 施工单位

C. 监理单位　　　　D. 设计单位

导图解析：

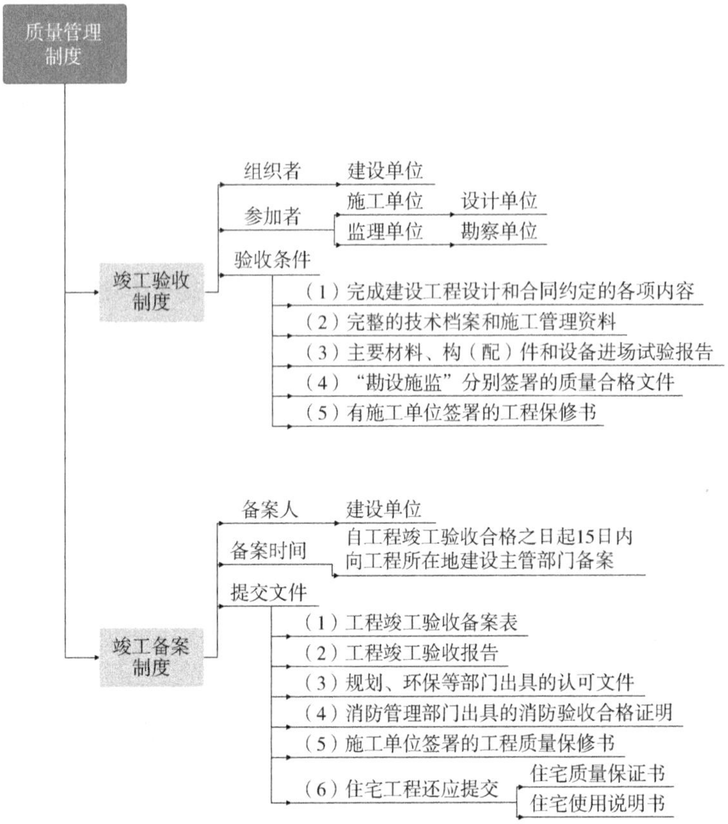

55. 根据《建设工程质量管理条例》，在正常使用条件下，下列关于建设工程最低保修期限的说法中，正确的有（　　）。

A. 地基基础工程为设计文件规定的合理使用年限

B. 屋面防水工程为设计文件规定的合理使用年限

C. 供热与供冷系统，为 2 个采暖期、供冷期

D. 有防水要求的卫生间为 5 年

E. 电气管线和设备安装工程为 2 年

56. 根据《建设工程质量管理条例》，建设工程的保修期自工程（　　）之日起计算。

A. 竣工预验收合格　　　　B. 竣工验收报告提交

C. 竣工验收合格　　　　D. 竣工备案

导图解析：

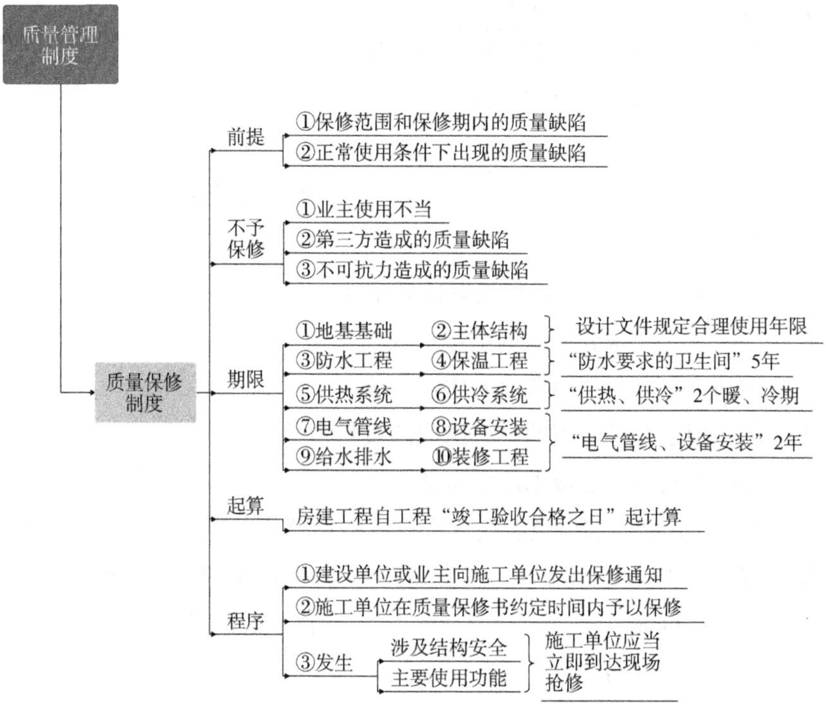

第三节　参建各方的质量责任

真题实战

57. 根据《建设工程质量管理条例》，施工单位必须按照设计图、技术规范和标准组织施工，同时应负责（　　）。

A. 提供施工场地　　B. 组织设计图交底

C. 审核设计变更方案　　D. 检验建筑材料、构（配）件

58. 根据《建设工程质量管理条例》，属于建设单位的质量责任有（　　）。

A. 负责办理施工图设计文件审查　　B. 负责组织设计文件交底

C. 负责办理工程施工许可证　　D. 负责对工程材料进行检验

E. 负责办理工程质量监督手续

59. 工程开工前，应由（　　）到工程质量监督站办理工程质量监督手续。

A. 施工单位　　B. 监理单位

C. 建设单位　　D. 监理单位协助建设单位

60. 根据《建设工程质量管理条例》，建设单位应承担的质量责任包括（　　）。

A. 不得将应由一个承包单位完成的建设工程项目肢解发包

B. 不得因赶工而任意压缩合理工期

C. 不得对专用设备指定供应商

D. 不得暗示参建方违反工程建设强制性标准

E. 不得采购未经鉴定的建筑材料

61. 工程开工前，图纸会审会议应由（　　）主持召开。

A. 项目监理机构　　B. 咨询单位

C. 建设单位　　D. 设计单位

62. 下列质量事故中，属于建设单位责任的是（　　）。

A. 商品混凝土未经检验造成的质量事故

B. 总承包和分包职责不明造成的质量事故

C. 施工中使用了禁止使用的材料造成的质量事故

D. 地下管线资料不准造成的质量事故

63. 建设单位在工程开工前应负责向建设行政管理部门办理（　　）等手续。

A. 建设资金审查　　B. 施工图文件审查

C. 工程施工许可证　　D. 工程质量监督

E. 大型施工机械进场许可

64. 根据《建设工程质量管理条例》，建设单位在工程开工前应负责办理（　　）。

A. 施工图设计文件的报审　　B. 设计交底

C. 工程监理手续　　D. 施工许可证

E. 质量监督手续

导图解析：

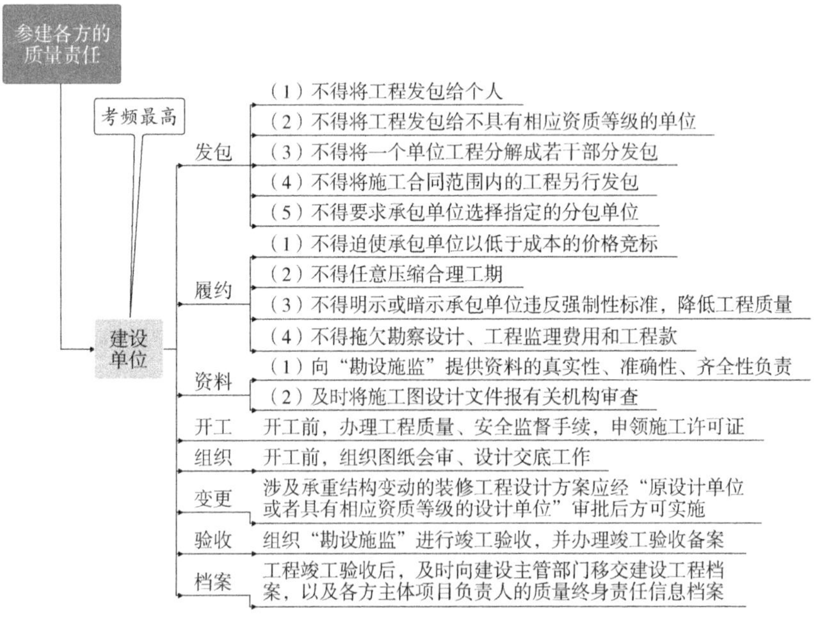

65. 我国建设工程质量保修制度规定，在正常使用条件下，基础设施工程、房屋建筑工程的地基基础和主体结构工程的最低保修期限为其合理使用年限，合理使用年限应在（　　）中给出。

A. 总体设计文件　　B. 初步设计文件

C. 技术设计文件　　D. 施工图设计文件

66. 勘察单位对其编制的勘察文件质量负责，应履行的主要职责有（　　）。

A. 审查基础工程施工方案

B. 参与施工验槽

C. 解决工程施工中的勘察问题

D. 提出因勘察原因造成质量事故的技术处理方案

E. 提出因设计原因造成质量事故的技术处理方案

67. 根据《建设工程质量管理条例》，设计文件应符合国家规定的设计深度要求，并注明工程（　　）。

A. 材料生产厂家　　B. 保修期限

C. 材料供应单位　　D. 合理使用年限

68. 涉及建筑承重结构变动的装修工程，设计方案应经（　　）审批后方可实施。

A. 建设单位　　B. 监理单位

C. 设计单位　　D. 原施工图审查机构

69. 凡涉及建筑主体和承重结构变动的装修工程，设计方案应经（　　）审批后方可进行施工。

A. 原审查机构　　B. 原设计单位

C. 质量监督机构　　D. 监理单位

70. 施工图审查机构的主要职责有（　　）。

A. 制订审查程序、范围和内容

B. 对涉及安全和强制性标准执行情况进行技术审查

C. 提交施工图审查报告

D. 承担施工图审查失职责任

E. 颁发施工图审查批准书

71. 根据《建设工程质量管理条例》，设计文件中选用的材料、构（配）件和设备，应当注明（　　）。

A. 生产厂　　B. 规格和型号

C. 供应商　　D. 使用年限

导图解析：

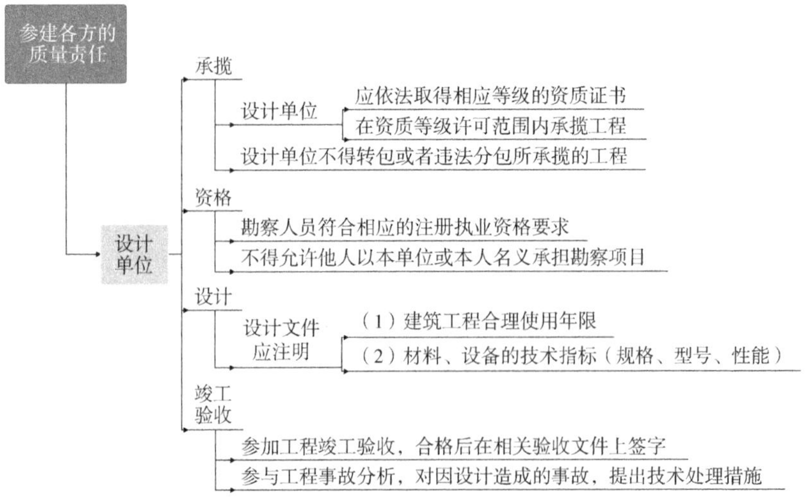

72. 实行总分包的工程，分包单位应按照分包合同约定对其分包工程的质量向（　　）负责。

A. 总承包单位　　B. 设计单位

C. 建设单位　　D. 监理单位

73. 总承包单位依法将建设工程分包时，分包工程发生的质量问题，应（　　）。

A. 由总承包单位负责

B. 由总承包单位与分包单位承担连带责任

C. 由分包单位负责

D. 由总承包单位、分包单位、监理单位共同负责

导图解析：

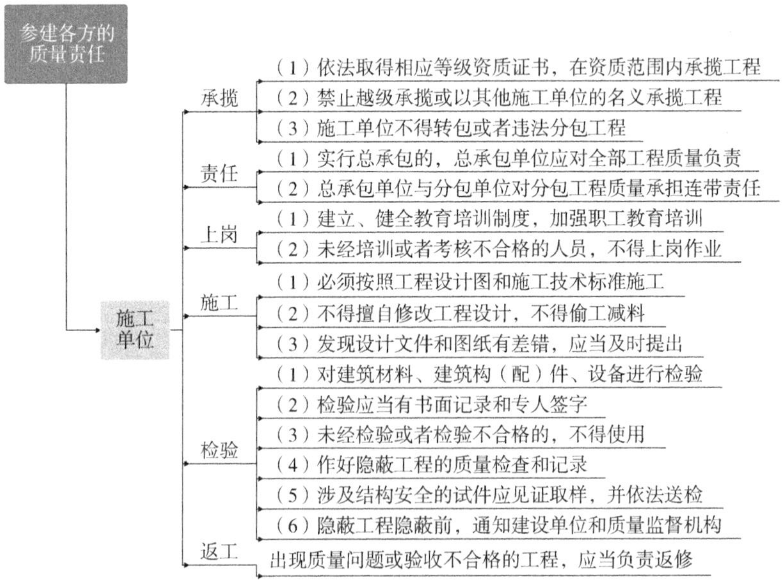

74. 工程质量检验机构出具的检验报告需经（　　）确认后，方可按规定归档。

A. 监理单位　　B. 施工单位

C. 设计单位　　D. 工程质量监督机构

导图解析：

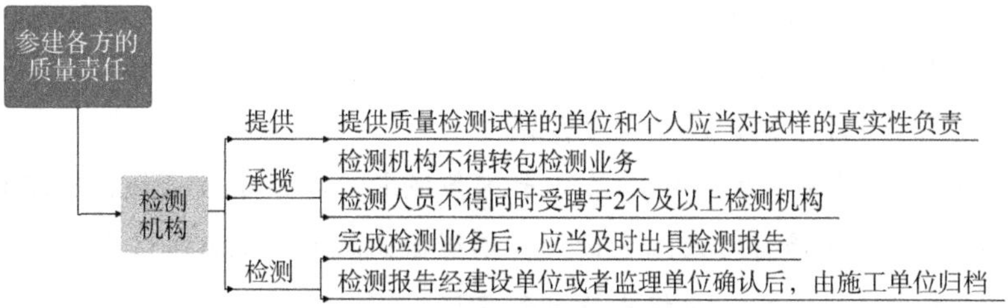

75. 下列关于工程监理单位的说法中，正确的是（　　）。

A. 工程监理单位代表政府部门对施工质量实施监督管理

B. 工程监理单位代表施工单位对施工质量实施监督管理

C. 工程监理单位可将专业性较强的业务转让给其他监理单位

D. 工程监理单位选派具备相应资格的总监理工程师进驻施工现场

解析：这个考点出自《建设工程质量管理条例》第三十七条规定：工程监理单位应当选派具备相应资格的总监理工程师和监理工程师进驻施工现场。

这个考点往年属于监理概论中的考点，现在“客串”到了“三控”这张考卷。这是例外，也可能是今后的考试趋势，要求各位考生格外留意。

76. 建设工程发生质量事故后，有关单位应当在（　　）小时内向当地建设行政主管部门和其他有关部门报告。

A. 1　　B. 2　　C. 24　　D. 48

解析：《建设工程质量管理条例》第五十二条规定：建设工程发生质量事故，有关单位应当在24小时内向当地建设行政主管部门和其他有关部门报告。

导图解析：

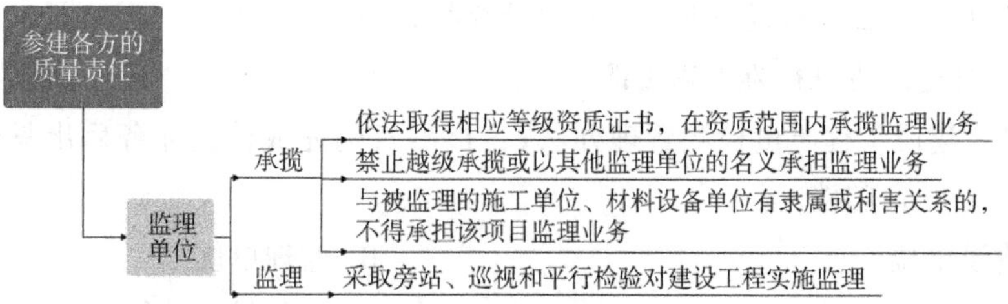

77. 下列关于参与工程建设各方质量责任或质量职责的说法中，正确的有（　　）。

A. 监理单位在开工前，负责办理工程质量监督手续

B. 建设单位对按合同约定采购的建筑材料质量责任

C. 由于监理单位的原因造成的施工质量责任由监理单位负责

D. 施工单位必须按图纸和施工技术规范标准组织施工

E. 勘察设计单位对所编制的勘察设计文件的质量负责

78. 下列工作中，施工单位不得擅自开展的是（　　）。

A. 对已完成的分项工程进行自检

B. 对预拌混凝土进行检验

C. 对分包工程质量进行检查

D. 修改工程设计，纠正设计图纸差错

解析：《建设工程质量管理条例》第二十八条规定：施工单位必须按照工程设计图纸和施工技术标准施工，不得擅自修改工程设计，不得偷工减料。施工单位在施工过程中发现设计文件和图纸有差错的，应当及时提出意见和建议。

79. 根据《房屋建筑和市政基础设施工程质量监督管理规定》，建设行政主管部门对工程实体质量监督的内容有（　　）。

A. 抽查施工单位完成施工质量的行为

B. 抽查涉及工程主体结构安全的工程实体质量

C. 抽查涉及主要使用功能的工程实体质量

D. 抽查主要建筑材料和建筑构（配）件质量

E. 对工程竣工验收进行监督

解析：工程质量监督管理包括下列内容：

（1）执行法律法规和工程建设强制性标准的情况。

（2）抽查涉及工程主体结构安全和主要使用功能的工程实体质量。

（3）抽查工程质量责任主体（建设、勘察、设计、施工和监理单位）和质量检测等单位的工程质量行为。

（4）抽查主要建筑材料、建筑构（配）件的质量。

（5）对工程竣工验收进行监督。

（6）组织或参与工程质量事故的调查处理。

（7）定期对本地区工程质量状况进行统计分析。

（8）依法对违法违规行为实施处罚。

80. 规据《建设工程质量检测管理办法》，检测机构完成检测业务后出具的检测报告，经确认后由（　　）归档。

A. 建设单位　　B. 监理单位

C. 施工单位　　D. 材料供应单位

考点：参建各方质量责任——检测方

解析：完成检测业务后，应当及时出具检测报告。检测报告经检测人员签字、检测机构法定代表人或者其授权的签字人签署，并加盖检测机构公章或者检测专用章后方可生效。

检测报告经建设单位或者工程监理单位确认后，由施工单位归档。

第二章

ISO 质量管理体系及卓越绩效管理模式

知识框架

节	考点
第一节 ISO 质量管理原则	考点一、以顾客为焦点 考点二、领导作用 考点三、全员参与 考点四、过程方法 考点五、持续改进 考点六、循证决策 考点七、关系管理
第二节 监理单位质量管理体系的建立	考点一、策划与准备 考点二、管理体系总体设计 考点三、编写质量管理体系文件
第三节 监理单位质量管理体系的实施	考点一、管理体系—运行与改进 考点二、管理体系—认证
第四节 项目质量控制系统的监理和实施	考点一、项目质量管理特性 考点二、项目质量管理与质量管理体系的区别 考点三、系统建立运行的主要工作
第五节 卓越绩效管理模式	考点一、项目质量管理特性 考点二、项目质量管理与质量管理体系的区别 考点三、系统建立运行的主要工作

第一节　ISO 质量管理原则

真题实战

1. 下列属于《质量管理体系　基础和术语》（GB/T 19000—2016）族标准中的质量管理原则的有（　　）。

A. 过程方法　　B. 统计技术的应用

C. 管理的系统方法　　D. 质量管理体系方法

E. 全员参与

导图解析：

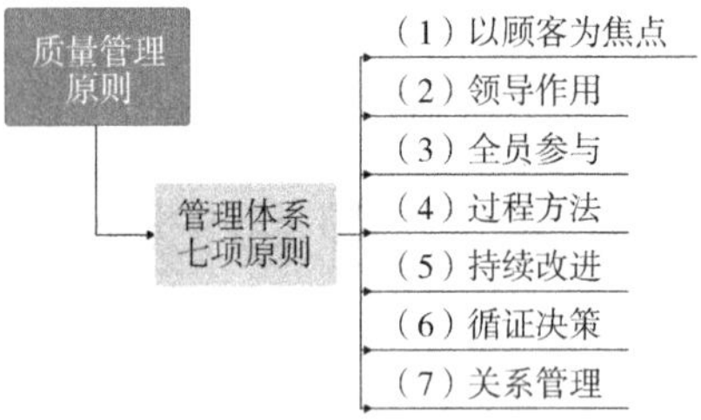

2. 为改善产品的特征及特性和（或）提高用于生产和交付产品的过程有效性和效率所开展的活动，称为（　　）。

A. 质量改进　　B. 持续改进　　C. 质量策划　　D. 组织行为

3. ISO 质量管理体系提出的“持续改进”质量管理原则，其核心内容是（　　）。

A. 需求的变化要求组织不断改进　　B. 确立挑战性的改进目标

C. 提高有效性和效率　　D. 全员参与

4. “持续改进”是质量管理体系七项质量管理原则之一，其核心是提高（　　）。

A. 有效性和效率　　B. 科学性

C. 管理水平　　D. 创造价值能力

5. 监理单位质量管理体系持续改进的核心是提高企业质量管理体系的（　　）。

A. 科学性和价值　　B. 有效性和效率

C. 创造性和价值　　D. 管理水平和效率

6. 根据质量管理体系理论，质量管理体系的目的就是要（　　）。

A. 提高企业经济效益　　B. 帮助组织增进顾客满意

C. 持续改进产品质量　　D. 提高组织的声誉和效率

7. “持续改进”是 ISO 质量管理体系七项质量管理原则之一，其核心是提高质量管理体系的（　　）。

A. 有效性和效率　　B. 管理水平

C. 科学性　　D. 制造价值能力

导图解析：

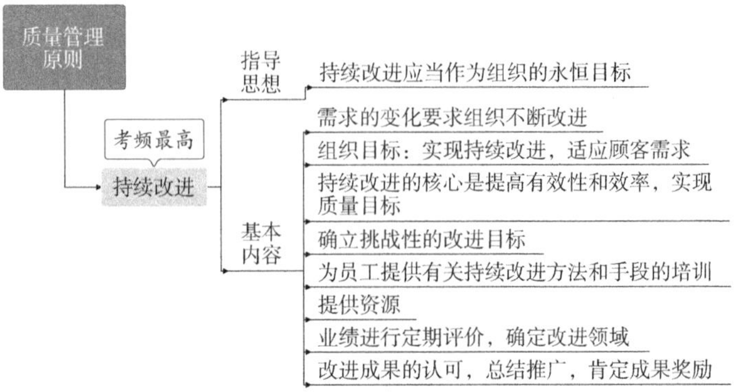

8. 根据ISO质量管理体系标准，“系统地识别和管理组织所应用的过程，特别是这些过程之间的逻辑系统和相互作用”的质量管理原则是（　　）。

A. 过程方法　　B. 持续改进

C. 过程评价　　D. 过程管理

导图解析：

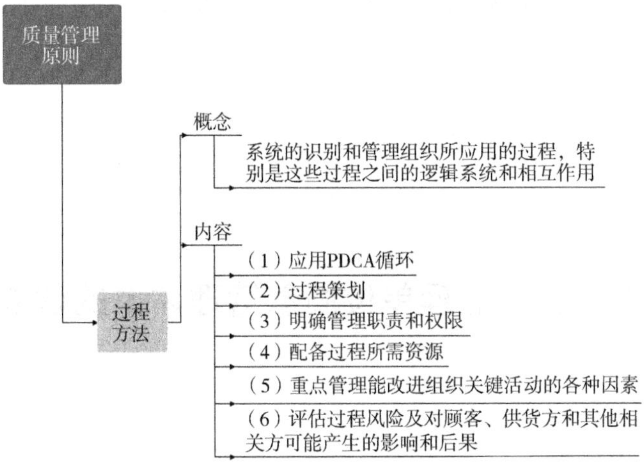

9. 重点管理能改进组织关键活动的各种因素，是ISO质量管理体系的质量管理原则中（　　）的基本内容。

A. 以顾客为关注焦点　　B. 领导作用

C. 全员参与　　D. 过程方法

解析：过程方法的基本内容包括：①应用PDCA循环；②过程策划；③明确管理职责和权限；④配备过程所需资源；⑤重点管理能改进组织关键活动的各种因素；⑥评估过程风险以及对顾客、供货方和其他相关方可能产生的影响和后果。

10. 根据ISO质量管理体系中的质量管理原则，建立清晰与开放的沟通渠道，是（　　）的基本内容。

A. 过程方法　　B. 持续改进

C. 循证决策　　D. 关系管理

考点：企业质量管理体系——管理原则

解析：关系管理的基本内容包括：

（1）权衡短期利益与长期效益，确立相关方的关系。

（2）识别和建设好关键相关方关系。

（3）与关键相关方共享专有技术和资源。

（4）建立清晰与开放的沟通渠道。

（5）开展与相关方的联合改进活动。

11. 建立监理单位质量管理体系时，明确工程建设相关方要求属于（　　）方面的工作。

A. 确定质量方针、目标　　B. 过程适用性评价

C. 确定体系覆盖范围　　D. 组织结构调整方案

考点：企业质量管理体系——建立

解析：过程适用性评价和体系覆盖范围确定包括以下内容：

（1）覆盖的产品或服务。

（2）主要过程。

（3）地点范围。

（4）相关方要求。

第二节　监理单位质量管理体系的建立

真题实战

12. 根据《质量管理体系　基础和术语》（GB/T 19000—2016）族标准的术语定义："由组织的最高管理者正式发布的该组织总的质量宗旨和方向"称为（　　）。

A. 质量目标　　B. 质量战略

C. 质量方针　　D. 质量经营

13. ISO 质量管理体系中，领导作用的基本内容有（　　）。

A. 确定质量方针、目标　　B. 形成内部环境

C. 识别相关方关系　　D. 建立 PDCA 循环

E. 建立管理评审机制

解析：领导作用的基本内容包括：

（1）确定质量方针、质量目标。

（2）建立组织的发展前景。

（3）形成内部环境。

（4）确立组织结构、职责权限和相互关系。

（5）提供所需资源。

（6）培训教育、人才资源。

（7）管理评审。

14. 下列关于监理单位质量方针的说法中，正确的是（　　）。

A. 质量方针应由管理者代表制订　　B. 质量方针应由技术负责人制订

C. 质量方针应由最高管理者发布　　D. 质量方针应由管理者代表发布

15. 建立质量管理体系首先要明确企业的质量方针，质量方针是组织的最高管理者正式发布的该组织总的（　　）。

A. 质量要求　　B. 质量水平

C. 质量宗旨和方向　　D. 质量策划

16. 组织对其有关职能部门和管理层分别规定质量目标，这些质量目标通常是依据组织的（　　）制订的。

A. 产品标准　　B. 质量方针

C. 质量计划　　D. 质量要求

导图解析：

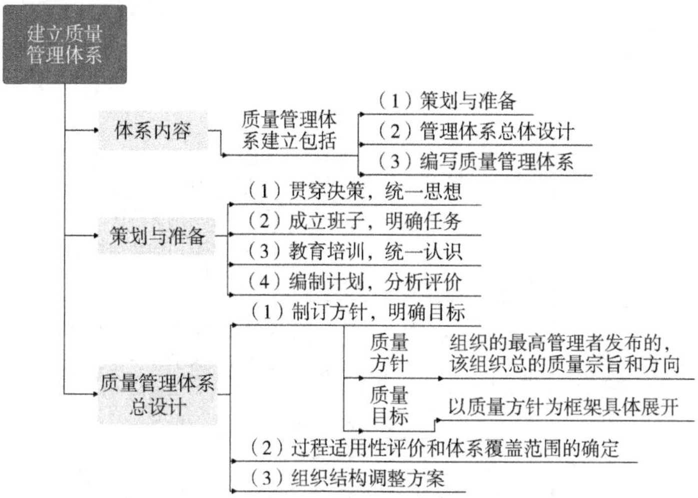

17. 根据ISO质量管理体系标准，工程质量单位应以（　　）为框架，制订具体的质量目标。

A. 质量计划　　B. 质量方针

C. 质量策划　　D. 质量要求

18. 根据质量管理体系标准要求，监理单位质量管理体系文件由（　　）组成。

A. 监理标准　　B. 设计文件与图纸

C. 质量手册　　D. 程序文件

E. 作业文件

19. 组织的质量管理体系文件包括（　　）。

A. 质量手册　　B. 质量管理体系程序文件

C. 质量策划　　D. 质量计划

E. 质量记录

20. 下列关于监理单位质量管理体系文件中质量手册的说法中，正确的是（　　）。

A. 质量手册是指导监理单位开展工作的技术性文件

B. 质量手册是监理单位实施质量管理体系要素的描述

C. 质量手册是监理单位具体作业活动的指导性文件

D. 质量手册是监理单位内部质量管理的纲领性文件

21. 在《质量管理体系　基础和术语》（GB/T 19000—2016）族标准质量术语中，（　　）是指“描述组织质量管理体系的文件”。

A. 质量计划　　B. 质量手册

C. 质量策划　　D. 质量记录

22. 下列记录中，属于监理服务“产品”的有（　　）。

A. 旁站记录　　B. 材料设备验收记录

C. 培训记录　　D. 不合格品处理记录

E. 管理评审记录

导图解析：

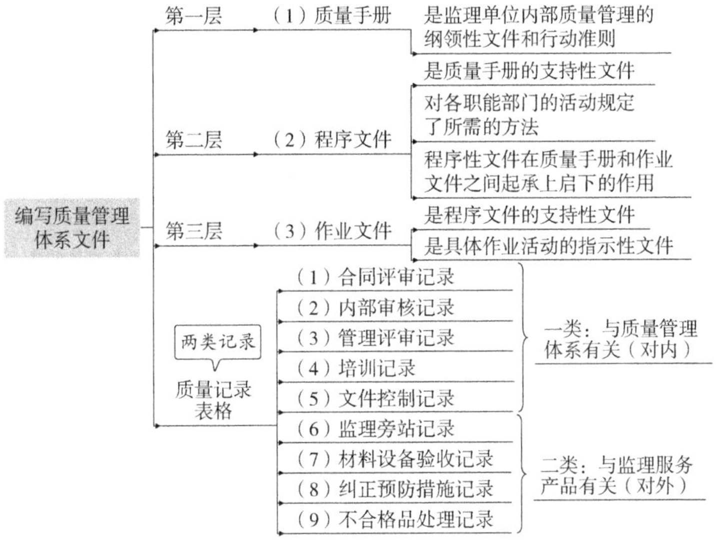

第三节　监理单位质量管理体系的实施

真题实战

23. 在ISO质量管理体系运行中，体系要素管理到位的前提和保证是（　　）。

A. 管理体系的适时管理　　B. 管理体系的行为到位

C. 管理体系的适中控制　　D. 管理体系的有效识别

导图解析：

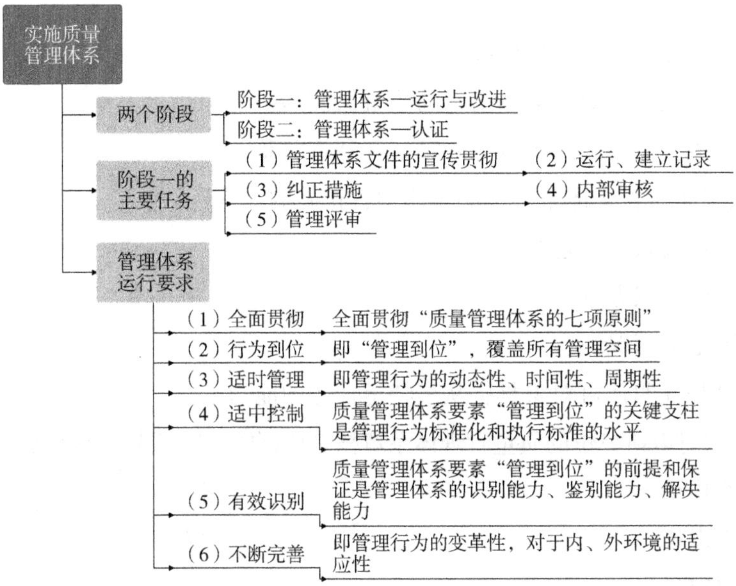

24. 关于质量管理体系现状及其质量方针和目标的适宜性、充分性和有效性正式评价的管理评审应由企业（　　）主持。

A. 最高管理者　　B. 管理者代表

C. 经营负责人　　D. 技术负责人

25. 工程监理企业质量管理体系管理评审的目的有（　　）。

A. 对现行质量目标的环境适应性作出评价

B. 发现质量管理体系持续改进的机会

C. 对现行质量管理体系能否适应质量方针作出评价

D. 修改质量管理体系文件使其更加完整有效

E. 对现行质量管理体系的环境适应性作出评价

导图解析：

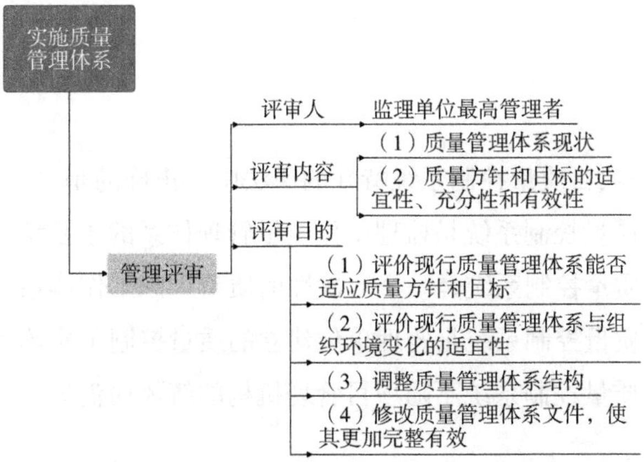

26. 下列关于质量管理体系认证特征的说法中，错误的是（　　）。
A. 认证由第三方进行
B. 认证标准属于强制性标准
C. 体系认证的对象是某一组织的质量保证体系
D. 认证机构必须与供需双方无隶属和利害关系

27. 下列关于质量管理体系认证的说法中，正确的是（　　）。
A. 认证由授权机构进行
B. 认可由第三方进行
C. 认可是书面保证
D. 认可是证明认可对象具备从事特定任务的能力

28. 认证机构对申请单位的质量管理体系审核是认证的关键环节，其基本工作有（　　）。
A. 递交申请　　B. 签订合同
C. 体系审核　　D. 颁发证书
E. 提出审核报告

导图解析：

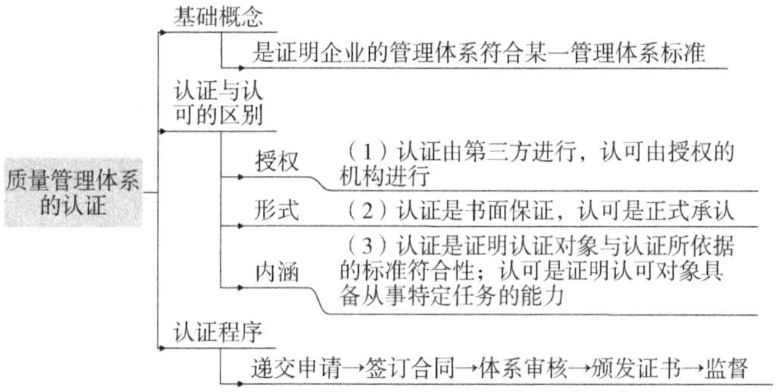

第四节　项目质量控制系统的监理和实施

真题实战

29. 下列关于工程项目质量控制系统特性的说法中，正确的是（　　）。
A. 工程项目质量控制系统是监理单位质量管理体系的子系统
B. 工程项目质量控制系统是一个一次性的质量控制工作体系
C. 工程项目质量控制系统是监理单位建立的质量控制工作体系
D. 工程项目质量控制系统不随项目管理机构的解体而消失

30. 项目质量控制系统是项目监理机构一次性的质量工作系统，并非监理单位永久性的质量管理体系，体现了项目质量控制系统与质量管理体系的（　　）。

A. 建立的对象不同　　B. 服务的范围不同

C. 控制的目标不同　　D. 作用的时效不同

导图解析：

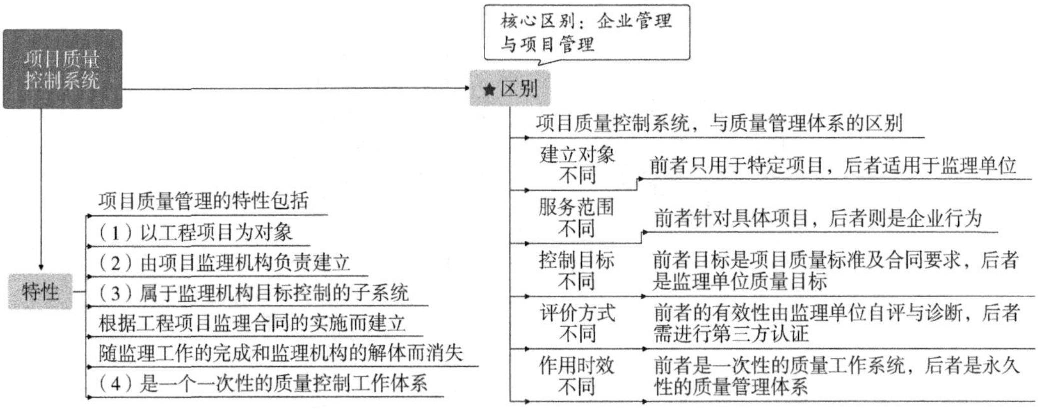

31. 监理工程师控制工程质量的手段有（　　）。

A. 审核技术文件、报告和报表　　B. 向业主报告质量信息

C. 旁站监督和平行检测　　D. 下达指令性文件

E. 控制工程款的支付

32. 下列监理工程师发出的书面文件中，属于指令文件的是（　　）。

A. 监理工作联系　　B. 备忘录

C. 会议纪要　　D. 监理工程师通知

33. 监理工程师可使用指令文件及一般管理文书，控制承包单位的施工质量和施工行为。下列文件中，属于指令文件的是（　　）。

A. 监理工程师通知　　B. 监理工程师函

C. 施工例会纪要　　D. 协调事项备忘录

34. 监理单位质量管理体系运行中，定期召开监理例会体现了（　　）的要求。

A. 文件标识与控制　　B. 产品质量追踪检查

C. 物资管理　　D. 内部审核

解析：产品质量的追踪检查要求：①建立两级质量管理体系，严格控制服务产品质量；②坚持定期召开监理例会。

35. 下列监理工程师发出的书面文件中，只有（　　）属于指令文件。

A. 监理工作联系　　B. 备忘录

C. 会议纪要　　D. 监理工程师通知

导图解析：

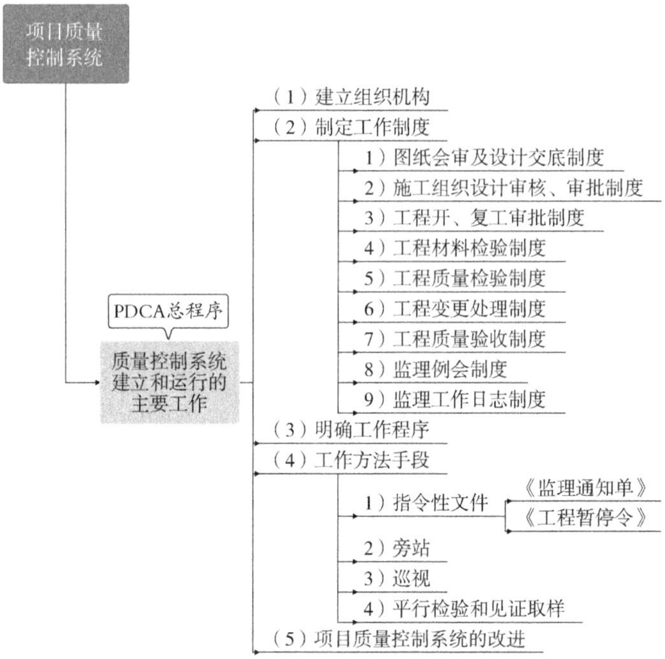

第五节　卓越绩效管理模式

真题实战

36. 卓越绩效管理模式的实质可以归纳为（　　）。

A. 强调“大质量”观

B. 强调以顾客为中心和重视组织文化

C. 是一个符合性标准

D. 强调系统思考和系统整合

E. 强调可持续发展和社会责任

37. 根据《卓越绩效评价准则》（GB/T 19580—2012），卓越绩效模式的基本特征是（　　）。

A. 强调以经营为中心　　B. 强调以效益为中心

C. 强调质量对组织绩效的增值和贡献　　D. 强调企业责任

导图解析：

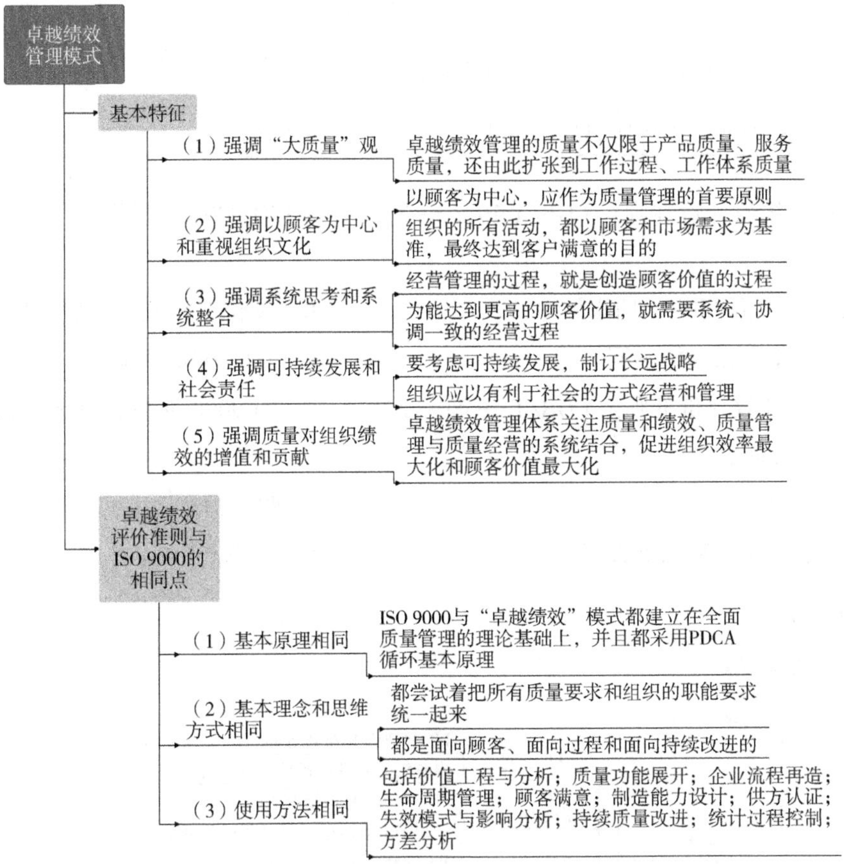

38. 与“卓越绩效”模式相比，ISO 9000 质量管理体系的导向是（　　）。

A. 成熟度评价　　　　B. 标准化管理

C. 全过程控制　　　　D. 战略管理

考点：卓越绩效管理 VS 质量管理体系

解析：ISO 9000 是标准化导向。

卓越绩效评价准则，与 ISO 9000 质量管理体系的相同点是“原理思维方法同”。即：①原理相同；②基本理念和思维方式相同；③使用方法相同。

不同点包括以下几个方面：

卓越绩效管理 VS 质量管理体系

项目	ISO 9000	卓越绩效管理
目标	追求产品合格，符合标准	追求多元化目标，注意与顾客建立战略伙伴关系
关注点	主要关注过程	更加关注结果
驱动力	来自市场准入的驱动	市场竞争驱动
评价方式	符合性评审	成熟度评价

（续）

卓越绩效管理 VS 质量管理体系		
组织要求	强调遵纪守法，有关活动必须不违法违规	超越法律和经济要求，要求组织为社会和谐发展做出贡献
责任人	强调的管理职责是以满足顾客需求	强调领导责任

39.《卓越绩效评价准则》（GB/T 19580—2012）与 ISO 9000 质量管理体系的不同点是（　　）。

A. 基本原理和原则不同　　B. 基本理念和思维方式不同

C. 关注点和目标不同　　D. 使用方法工具不同

40.《卓越绩效评价准则》（GB/T 19580—2012）与 ISO 9000 质量管理体系的相同点体现在（　　）方面。

A. 导向　　B. 驱动力

C. 基本理念和思维方式　　D. 责任人

导图解析：

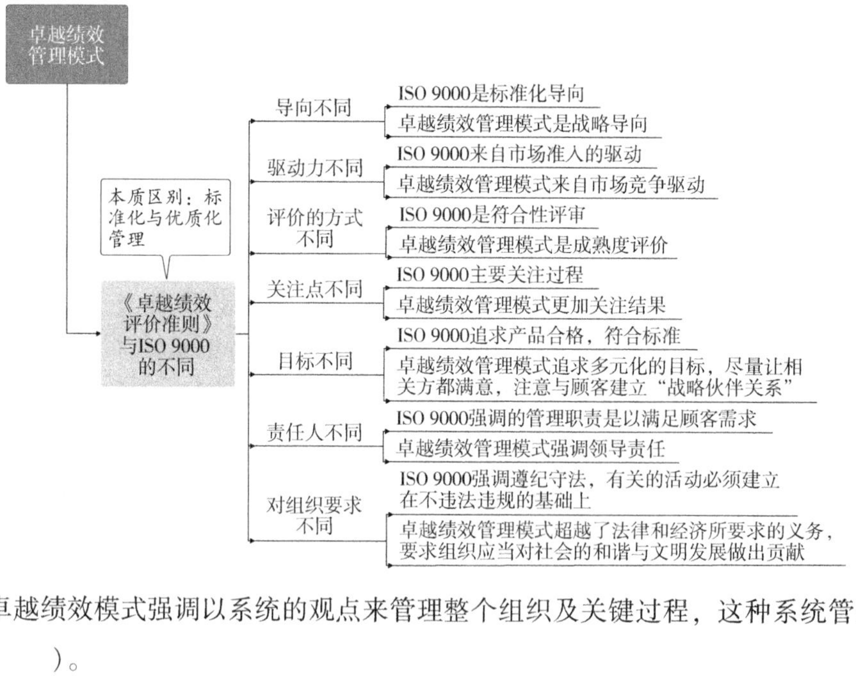

41. 卓越绩效模式强调以系统的观点来管理整个组织及关键过程，这种系统管理的基本方法是（　　）。

A. 反馈方法　　B. 过程方法

C. 评价方法　　D. 监督方法

解析：本题可以从两个方面进行分析：其一，采用排除法。除“过程方法”外，其他概念均从未在教材上出现过。因此，选项 A、C、D 均可排除。其二，“谜底放在谜面上”。多读几遍就会发现“关键过程”和“基本方法”合起来就是“过成方法”。

另需注意，新版教材将“管理的系统方法”和“过程管理”合二为一成“过程方法”，按照惯例，旧版教材说法一定会作为强干扰出现在选项中，考生一定要能够区分。

42. 根据《卓越绩效评价准则》（GB/T 19580—2012），采用卓越绩效管理模式的驱动力来自（　　）。

A. 标准化导向　　B. 市场竞争

C. 市场准入　　D. 符合性评审

解析：卓越绩效管理模式来自市场竞争的驱动，通过质量奖及自我评价促进竞争力水平提高。

43. 在卓越绩效管理模式中，为了实现质量对组织绩效的增值作用，需要关注的要素有（　　）。

A. 标准化导向　　B. 符合性评审

C. 质量管理与质量经营的系统融合　　D. 促进组织效率最大化

E. 促进顾客价值最大化

解析：强调质量对组织绩效的增值和贡献。《卓越绩效评价准则》（GB/T 19580—2012）中的质量，是组织的一种系统运营的全面质量，它关注质量和绩效、质量管理与质量经营的系统整合，促进组织效率最大化和顾客价值最大化。

44. 卓越绩效管理模式中，在关注组织如何做正确的事时，需要强调的组成要素有（　　）。

A. 领导作用　　B. 战略　　C. 资源　　D. 过程管理

E. 以顾客和市场为中心

考点：政府监督管理职能

解析：《卓越绩效评价准则》（GB/T 19580—2012）从“领导作用，战略，以顾客和市场为中心，资源管理，过程管理，测量、分析与改进，结果”七个方面对评价的要求作出了规定。

“领导作用”“战略”与“以顾客和市场为中心”构成了“领导作用”三角，强调高层领导在组织所处的特定环境中，通过制订以顾客和市场为中心的战略，为组织谋划长远未来，关注的是组织如何做正确的事，是驱动力。

“资源管理”“过程管理”与“结果”构成了“过程结果”三角，强调如何充分调动组织中人的积极性和能动性，通过组织中的人在各个业务流程中发挥作用和过程管理的规范，高效地实现组织所追求的经营结果，关注的是组织如何正确地做事，解决的是效率和效果业绩的问题。

而“测量、分析与改进”是连接两个三角的“链条”，转动着“PDCA”循环。

第三章 工程质量的统计分析和试验检测方法

知识框架

节	考点
第一节 质量数据	考点一、质量数据的特征值 考点二、质量数据波动原因
第二节 抽样检验	考点一、抽样检验方法 考点二、抽样检验方案 考点三、七类质量统分方法
第三节 现场实操	考点一、混凝土结构的检验与试验 考点二、钢结构的检验与试验 考点三、砌体结构的检验与试验

第一节　质量数据

真题实战

1. 下列质量数据特征值中，用来描述数据集中趋势的是（　　）。

A. 极差　B. 标准偏差　C. 均值　D. 变异系数

2. 下列可描述质量特性数据离散趋势特征值的是（　　）。

A. 算术平均数　B. 中位数　C. 极差　D. 期望值

3. 在质量数据统计分析中，反映数据离散趋势的特征值包括（　　）。

A. 算术平均值　B. 标准偏差　C. 极差　D. 样本中位数

E. 变异系数

4. 下列质量数据特征值中，用来描述数据离散趋势的是（　　）。

A. 极差　B. 中位数　C. 算术平均数　D. 极值

5. 下列可描述质量特性数据离散趋势特征值的是（　　）。

A. 算术平均数　B. 样本中位数　C. 标准偏差　D. 期望值

6. 下列关于样本中位数的说法中，正确的是（　　）。

A. 样本数为偶数时，中位数是数值大小排序后居中两数的平均值

B. 中位数反映了样本数据的分散状况

C. 中位数反映了中间数据的分布

D. 样本中位数是样本极差值的平均值

导图解析：

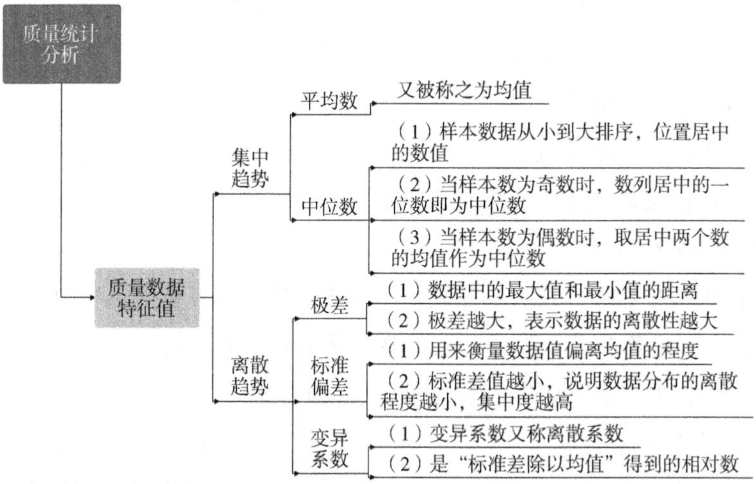

7. 工程质量特征值的正常波动是由（　　）引起的。

A. 单一性原因　　B. 必然性原因

C. 系统性原因　　D. 偶然性原因

8. 根据数据统计规律，进行材料强度检测随机抽样的样本容量较大时，其工程质量特性数据均值服从的分布是（　　）。

A. 二项分布　　B. 正态分布

C. 泊松分布　　D. 非正态分布

解析：这个考点今年第一次出现，考查数据分部的规律：

（1）正态分布。

①一般计量值数据服从正态分布；②偶然性因素引发的正常范围内的质量波动；③统计样本量较大时的数据分部。

（2）其余的二项分布、泊松分布通常都会以备选项出现。

9. 正常情况下，混凝土强度检测数据服从（　　）分布。

A. 三角形　　B. 梯形　　C. 正态　　D. 随机

考点：质量数据——分布规律

解析：口诀："泊松二项小正太，计点计件和计量"。根据本口诀，计量数值服从正态分布，计件数值服从二项分布，计点数值服从泊松分布。

实践中，偶然因素（变化较小）下的数据呈正态分布。正态分布是最重要、最常见、应用最广泛的数据分布规律。

10. 下列质量数据波动原因中，属于系统性原因的有（　　）。

A. 原材料质量规格有显著差异　　B. 温度变化引起的允许偏差

C. 机械设备发生故障　　D. 工人未遵守操作规程

E. 几何尺寸的微小变化

11. 工程质量会受到各种因素的影响，下列属于系统性因素的有（　　）。

A. 使用不同厂家生产的规格型号相同的材料

B. 机械设备过度磨损

C. 设计中的安全系数过小

D. 施工虽然按规程进行，但规程已更改

E. 施工方法不当

解析：选项D本身不够严谨。尽管我们推测正确答案中可能有选项D，但出于答题的严谨性和保守性，我们宁愿放弃0.5分，也不要而冒2分尽失的风险。

12. 在下列事件中，可引起质量波动的偶然性原因是（　　）。

A. 设计计算允许误差　　B. 材料规格品种使用错误

C. 施工方法不当　　D. 机械设备出现故障

13. 实际生产中，质量数据波动的偶然性原因的特点有（　　）。

A. 不可避免、难以测量　　B. 大量存在但对质量的影响很小

C. 质量数据离散过大　　D. 原材料质量规格有显著差异

E. 经济上不值得消除

14. 施工生产会受到不可避免的偶然性因素的影响，下列属于偶然性因素的是（　　）。

A. 生产人员由于疏忽未按规程操作

B. 使用了与设计要求不同的其他规格的材料

C. 因施工机械正常磨损而带来产品质量差异

D. 在突然遇到剧烈天气变化的情况下将剩下的工作继续完成而带来的质量差异

导图解析：

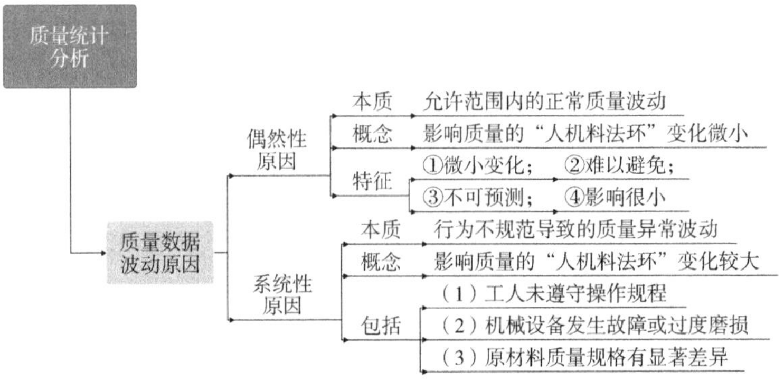

第二节　抽样检验

真题实战

15. 对总体不进行任何加工，直接进行随机抽样获取样本的方法称为（　　）。

A. 全数抽样　　B. 简单随机抽样

C. 整群抽样　　D. 多阶段抽样

16. 对总体中的全部个体进行编号，然后抽签、摇号确定中选号码，相应的个体即为样品。这种抽样方法称为（　　）。

A. 完全随机抽样　　B. 分层抽样　　C. 等距抽样　　D. 整群抽样

17. 某承包商从一生产厂家购买了相同规格的大批预制构件，进场后码放整齐。对其进行进场检验时，为了使样本更有代表性宜采用（　　）的方法。

A. 全数检验　　B. 分层抽样　　C. 简单随机抽样　　D. 等距抽样

18. 质量检验时，将总体按某一特性分为若干组，从每组中随机抽取样品组成样本的抽样方法称为（　　）。

A. 简单随机抽样　　B. 分层抽样

C. 等距抽样　　D. 多阶段抽样

19. 施工单位采购的某类钢材分多批次进场时，为了保证在抽样检测中样品分布均匀、更具代表性，最合适的随机抽样方法是（　　）。

A. 分层抽样　　B. 等距离法抽样

C. 整群抽样　　D. 多阶段抽样

20. 在收集质量数据中，当总体很大时，很难一次抽样完成预定的目标，此时，质量数据的收集方法宜采用（　　）。

A. 分层抽样　　B. 等距抽样

C. 整群抽样　　D. 多阶段抽样

21. 将样本总体中的抽样单元按某种次序排列，在规定范围内随机抽取一组初始单元，按一套规则确定其他样本单元的抽样方法称为（　　）。

A. 简单随机抽样　　B. 系统性随机抽样

C. 分层随机抽样　　D. 多阶段抽样

考点：样本抽检方法——综合试题

解析：系统性随机抽样，是将样本总体中的抽样单元按某种次序排列，在规定范围内随机抽取一组初始单元，然后按一套规则确定其他样本单元的抽样方法。如“隔一抽一，隔二抽一”等。

22. 工程质量抽样检验中，弃真错误的概率为 α，存伪错误的概率为 β，两类风险控制的一般范围是（　　）。

A. $\alpha=1\%\sim3\%$，$\beta=3\%\sim8\%$　　B. $\alpha=1\%\sim5\%$，$\beta=5\%\sim10\%$

C. $\alpha=2\%\sim4\%$，$\beta=4\%\sim8\%$　　D. $\alpha=2\%\sim5\%$，$\beta=5\%\sim10\%$

23. 在制订检验批的抽样方案时，应考虑合理分配生产方风险和使用方风险，对于主控项目两类风险的合理控制范围是（　　）。

A. $\alpha<5\%$，$\beta<5\%$　　B. $\alpha<5\%$，$\beta<10\%$

C. $\alpha<1\%$，$\beta<5\%$　　D. $\alpha<1\%$，$\beta<10\%$

24. 在检验批抽样方案中合理分配生产方风险和使用方风险时，对应于一般项目合格质量水平的弃真概率 α 不宜超过 5%，存伪概率 β 不宜超过（　　）。

A. 8%　　B. 9%　　C. 10%　　D. 12%

25. 在制订检验批的抽样方案时，为合理分配生产方和使用方的风险，主控项目对应于合格质量水平的 α 和 β 值均不宜超过（　　）。

A. 5%　　B. 6%　　C. 8%　　D. 10%

26. 在抽样检验方案中，将合格批判定为不合格批而错误地拒收，属于（　　）错误。

A. 第一类　　B. 第二类　　C. 第三类　　D. 第四类

导图解析：

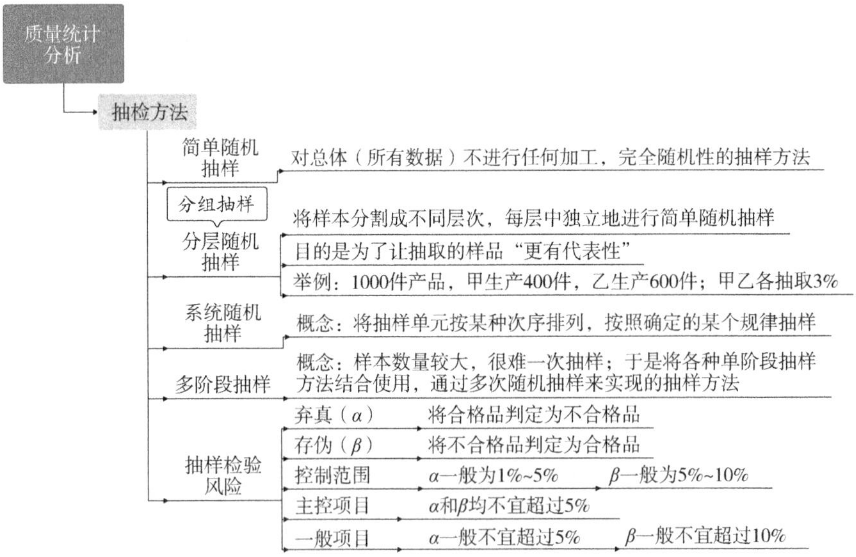

27. 下列关于抽样检验的说法中，正确的是（　　）。

A. 计量抽样检验是对单位产品的质量采取计数抽样的方法

B. 一次抽样检验涉及 3 个参数，二次抽样检验涉及 5 个参数

C. 一次抽样检验和二次抽样检验均为计量抽样检验

D. 一次抽样检验和二次抽样检验均涉及 3 个参数，即批量、样本数和合格判定数

28. 计数标准型一次抽样检验方案为（N，n，C），其中 N 为送检批的大小，n 为抽检样本大小，C 为合格判定数，若发现 n 中有 d 件不合格品，当（　　）时该送检批合格。

A. $d=C+1$　　B. $d<C$　　C. $d>C$　　D. $d \leqslant C$

29. 计数标准型一次抽样方案为（N，n，C），其中 N 为送检批的大小，n 为抽检样本大小，C 为合格判定数。当从 n 中查出有 d 个不合格品时，若（　　），应判断该送检批合格。

A. $d>C+1$　　B. $d=C+1$　　C. $d \leqslant C$　　D. $d>C$

30. 计数标准型二次抽样检验方案为（n_1，C_1；n_2，C_2），n_1 中有 d_1 个不合格品，n_2 中有 d_2 个不合格品，则可判断送检品合格的情况有（　　）。

A. $d_1=C_1$　　B. $d_1<C_1$　　C. $d_2<C_2$　　D. $d_2=C_2$

E. $d_1+d_2<C_2$

31. 根据抽样检验分类方法，属于计量型抽样检验的质量特性有（　　）。

A. 几何尺寸　　B. 焊点不合格数　　C. 标高　　D. 条数

E. 强度

导图解析：

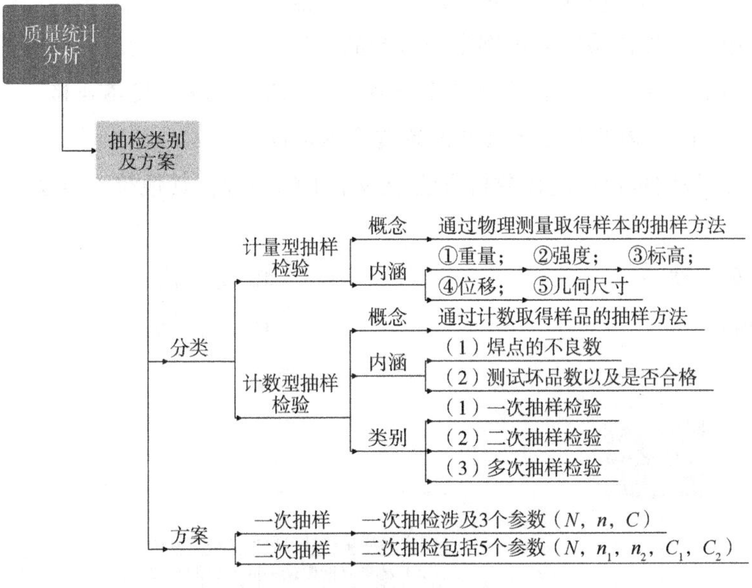

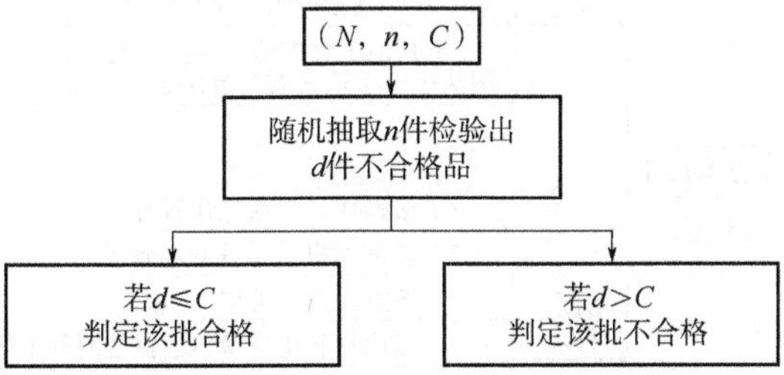

注：N 为某批量；n 为抽样数量；C 为合格判定数（允许偏差）；d 为不合格品数量

从批量为 N 的交验产品中随机抽取 n 件进行检验，且预先规定 1 个合格判定数。

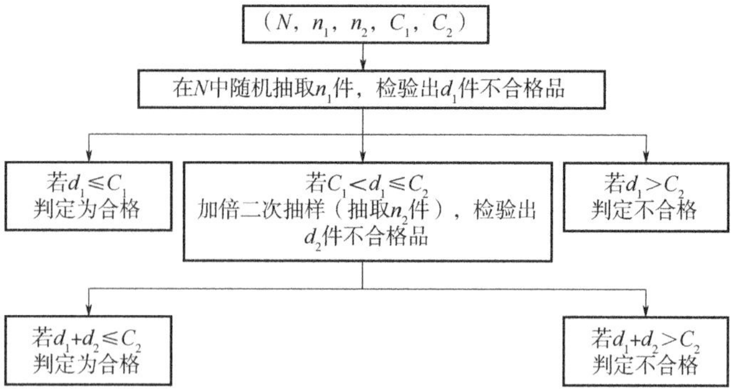

注：n_1 为第一次抽取样本；n_2 为第二次抽取样本；C_1 为第一次抽样时的不合格判定数；C_2 为第二次抽样时的不合格判定数；d_1 为第一次抽样时的不合格品数量；d_2 为第二次抽样时的不合格品数量。

32. 某产品质量检验采用计数型二次抽样检验方案，已知：$N=1000$，$n_1=40$，$n_2=60$，$C_1=1$，$C_2=4$；经二次抽样检得：$d_1=2$，$d_2=3$，则正常的结论是（　　）。

A. 经第一次抽样检验即可判定该批产品质量合格

B. 经第一次抽样检验即可判定该批产品质量不合格

C. 经第二次抽样检验即可判定该批产品质量合格

D. 经第二次抽样检验即可判定该批产品质量不合格

解析：$d_1<C_1$ 或 $d_1=C_1$：直接判定为合格；$d_1>C_2$：直接判定不合格。

本题 $d_1+d_2>C_2$：因此判定为该批产品质量不合格。

33.（　　）是质量控制统计分析方法中最基本的一种，其他统计方法一般要与其配合使用。

A. 排列图法　　B. 分层法

C. 控制图法　　D. 直方图法

导图解析：

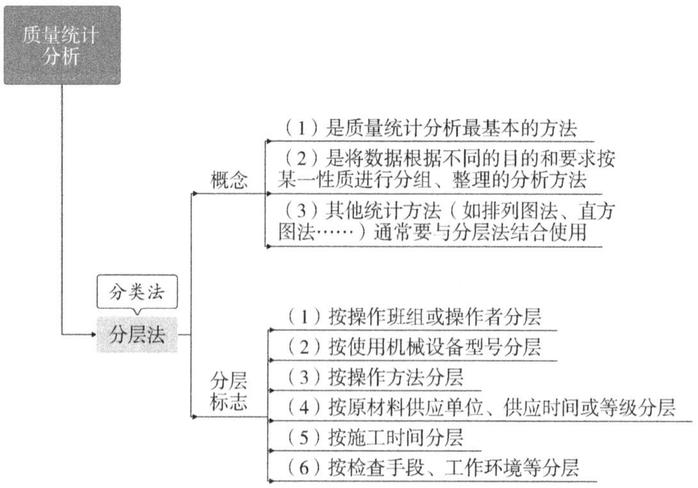

34. 下列工程质量统计分析方法中，根据不同的目的和要求将调查收集的原始数据，按某一性质进行分组、整理，分析产品存在的质量问题和影响因素的方法是（　　）。

A. 调查表法　　B. 分层法

C. 排列图法　　D. 控制图法

35. 下列质量控制的统计分析方法中，需要听取各方意见，集思广益，相互启发的是（　　）。

A. 直方图法　　B. 因果分析图法

C. 排列图法　　D. 控制图法

导图解析：

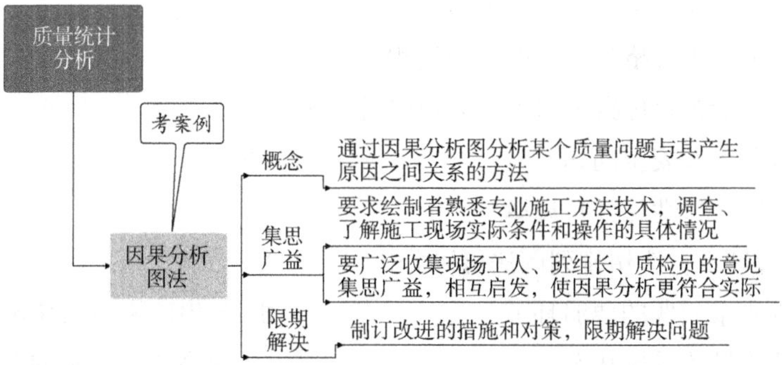

36. 下列工程质量控制的统计分析方法中，可以用来系统整理分析某个质量问题与其产生原因之间关系的方法是（　　）。

A. 因果分析图法　　B. 相关图法

C. 排列图法　　D. 直方图法

导图解析：

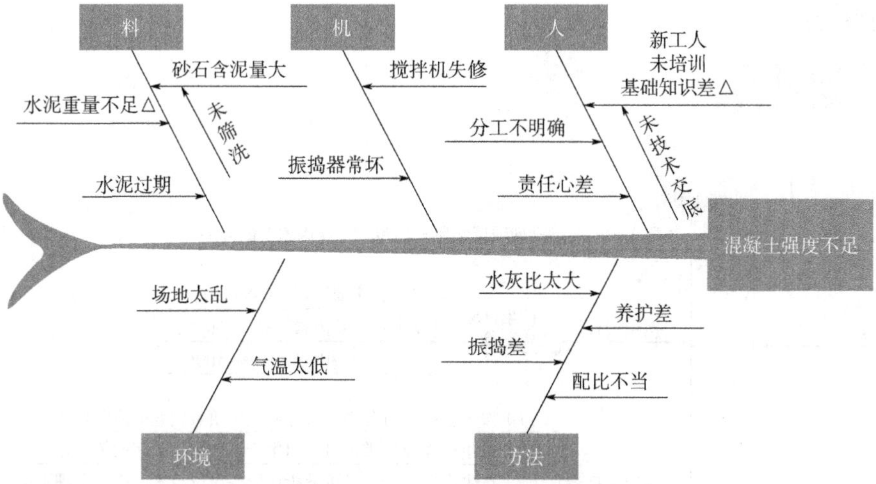

37. 下列质量控制的统计分析方法中，需要各方各抒己见，相互启发的是（　　）。

A. 排列图法　　B. 因果分析图法

C. 直方图法　　D. 控制图法

38. 在工程质量统计分析方法中，寻找影响质量主次因素的方法一般采用（　　）。

A. 排列图法　　B. 因果分析图法

C. 直方图法　　D. 控制图法

39. 在质量控制的统计分析方法中，最能形象直观、定量反映影响质量的主次因素的是（　　）。

A. 排列图法　　B. 因果分析图法

C. 直方图法　　D. 控制图法

40. 排列图是质量管理的重要工具之一，可用于（　　）。

A. 分析造成质量问题的薄弱环节

B. 寻找生产不合格品最多的关键过程

C. 分析比较各单位技术水平、质量管理水平

D. 分析费用和安全问题

E. 分析质量特性的分布规律

41. 在质量管理中，应用排列图法可以分析（　　）。

A. 造成质量问题的薄弱环节　　B. 各生产班组的技术水平差异

C. 产品质量的受控状态　　D. 提高质量措施的有效性

E. 生产过程的质量能力

42. 排列图法是一种常见的质量控制统计分析方法，可用于（　　）。

A. 分析造成质量问题的薄弱环节　　B. 评价生产过程的能力

C. 掌握质量数据的分布规律　　D. 分析质量控制措施的有效性

E. 找出生产不合格品最多的关键过程

导图解析：

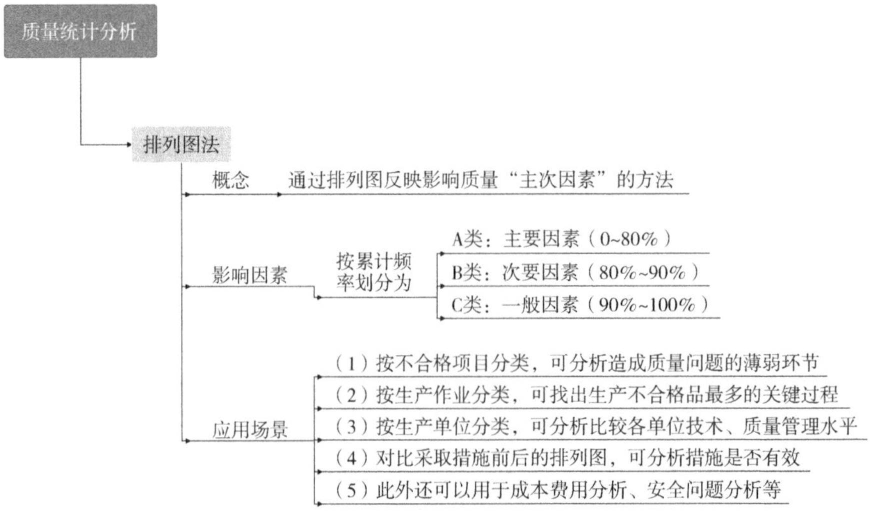

43. 采用排列图法分析工程质量影响因素时，可将影响因素分为（　　）。

A. 偶然因素　　B. 主要因素

C. 系统因素　　D. 次要因素

E. 一般因素

解析：排列图在实际应用中，通常按每个问题出现的频率由大到小累计划分为（0%～80%）、（80%～90%）和（90%～100%）三部分，与其对应的影响因素分别为 A、B、C 三类。A 类为主要因素，B 类为次要因素，C 类为一般因素。

44. 一组混凝土立方体抗压强度试件测量值分别为 42.3MPa、47.6MPa、54.9MPa 时，该组试件的试验结果是（　　）。

A. 47.6MPa　　B. 48.3MPa

C. 51.3MPa　　D. 无效

解析：根据现行国家标准《混凝土强度检验评定标准》GB 50107 4.3.1，每组混凝土试件强度代表值的确定，应符合下列规定：

（1）取 3 个试件强度的算术平均值作为每组试件的强度代表值。

（2）当一组试件中强度的最大值或最小值与中间值之差超过中间值的 15% 时，取中间值作为该组试件的强度代表值。

（3）当一组试件中强度的最大值和最小值与中间值之差均超过中间值的 15% 时，该组试件的强度不应作为评定的依据。

最小值与中间值比较：(47.6－42.3)/47.6＝11.13%

最大值与中间值比较：(54.9－47.6)/47.6＝15.34%

因此应把最大值及最小值一并去除，取中间值 47.6MPa 为抗压强度值。

45. 采用排列图法分析工程质量问题时，按累计频率划分进行质量影响因素分类，次要因素对应的累计频率区间为（　　）。

A. 70%～80%　　B. 80%～90%

C. 80%～100%　　D. 90%～100%

46. 采用排列图法划分质量影响因素时，累计频率达到 75% 对应的影响因素是（　　）。

A. 主要因素　　B. 次要因素

C. 一般因素　　D. 基本因素

导图解析：

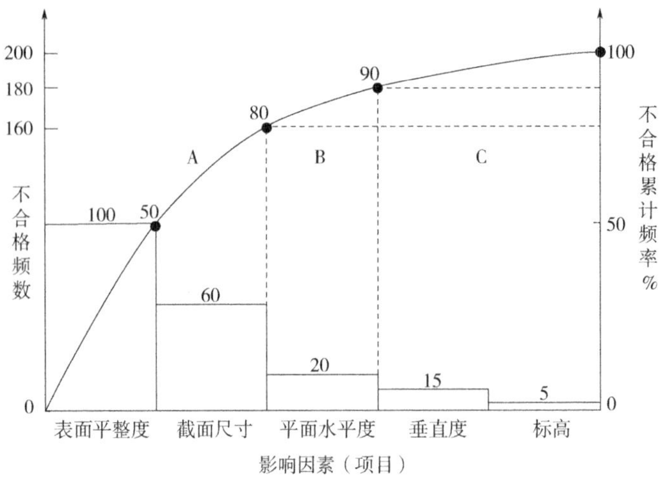

（累计频率：0~80%为主要因素，80%~90%为次要因素，90%以上为一般因素）

47. 采用直方图法进行工程质量统计分析时，可以实现的目的有（　　）。

A. 掌握质量特性的分布规律　　B. 寻找影响质量的主次因素

C. 调查收集质量特性原始数据　　D. 估算施工过程总体不合格品率

E. 评价实际生产过程能力

解析：本题强干扰项是选项 C，选项 C 描述的是“调查表法”的作用。直方图法是将质量数据整理成直方图形。直方图法是利用直方图描述质量分布状态的分析方法。

通过绘制直方图，可以“了解产品质量波动情况”；通过数据波动“掌握质量特性分布规律”，估算出“生产过程总体的不合格品率”。通过不合格率的计算，“评价该施工单位实际生产能力”。

48. 一组随机抽样检验数据做成的直方图，要能说明生产过程质量稳定，正常情况下其直方图的构成与特点应反映出（　　）。

A. 明确的质量标准上、下界限　　B. 直方图为正态分布型

C. 直方图位置居中分布　　D. 直方图分布中心与标准中心重合

E. 直方图与上、下界限有一定余地

49. 当需要使用施工作业工序抽样检验所得到的质量特性数据，分析工序质量的状况时，可通过绘制（　　）进行观察判断。

A. 直方图　　B. 排列图　　C. 管理图　　D. 相关图

50. 工程质量统计分析方法中，将收集到的产品质量数据进行分组整理，通过绘制频数分布图形，用以分析判断产品质量波动情况和实际生产过程能力的方法称为（　　）。

A. 排列图法　　B. 因果分析图法　　C. 相关图法　　D. 直方图法

考点：质量统计分析方法——直方图法

解析：采用直方图可以根据产品质量波动情况，掌握质量特性分布规律；再通过估算施工过程不合格品率，评价实际生产过程能力。

51. 在质量管理中，直方图法的用途有（　　）。

A. 分析判断产品的质量状况　　B. 估算施工生产过程总体的不合格品率

C. 评价过程能力　　D. 分析生产过程是否稳定

E. 控制生产过程质量状态

52. 在质量管理中，将正常型直方图与质量标准进行比较时，可以判断生产过程的（　　）。

A. 质量问题成因　　B. 质量薄弱环节

C. 计划质量能力　　D. 实际质量能力

53. 将两种不同方法或两台设备或两组工人进行生产的质量特性统计数据混在一起整理，将形成（　　）直方图。

A. 折齿型　　B. 缓坡型　　C. 孤岛型　　D. 双峰型

54. 在工程质量统计分析中，因分组、组数或组距确定不当，会形成（　　）直方图。

A. 折齿型　　B. 孤岛型　　C. 双峰型　　D. 绝壁型

导图解析：

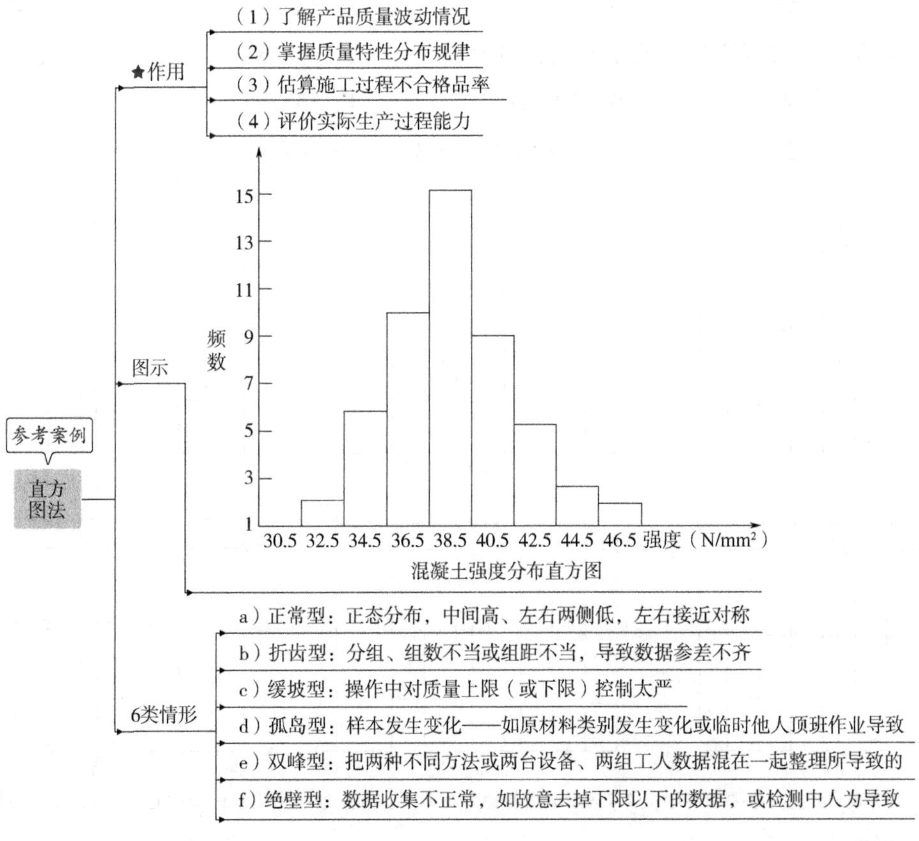

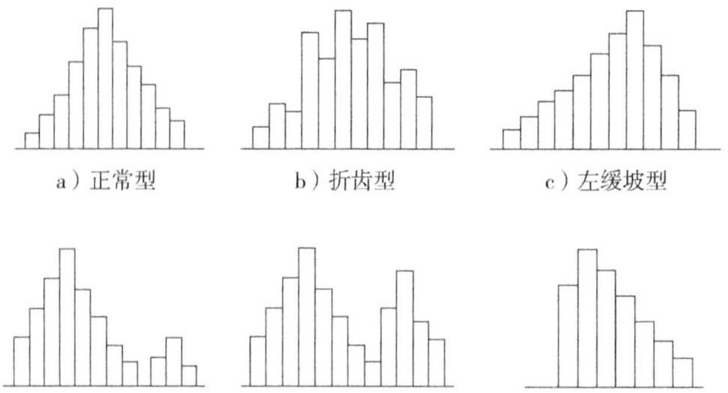

a）正常型　b）折齿型　c）左缓坡型

d）孤岛型　e）双峰型　f）绝壁型

55. 采用直方图法分析工程质量时，出现孤岛型直方图的原因是（　　）。

A. 组数或组距确定不当　　B. 不同设备生产的数据混合

C. 原材料发生变化　　D. 人为去掉上限、下限数据

56. 工程质量控制统计分析时，出现非正常的折齿型直方图的原因是（　　）。

A. 分组、组数或组距确定不当　　B. 原材料发生变化

C. 人为去掉上限、下限数据　　D. 不同设备生产的数据混合

57. 由于分组、组数不当或者组距确定不当，将形成（　　）直方图。

A. 折齿型　　B. 缓坡型　　C. 孤岛型　　D. 双峰型

58. 由于分组数或者组距确定不当，将形成（　　）直方图。

A. 折齿型　　B. 绝壁型　　C. 孤岛型　　D. 双峰型

解析： 正常型直方图与质量标准相比较，一般有六种情况：

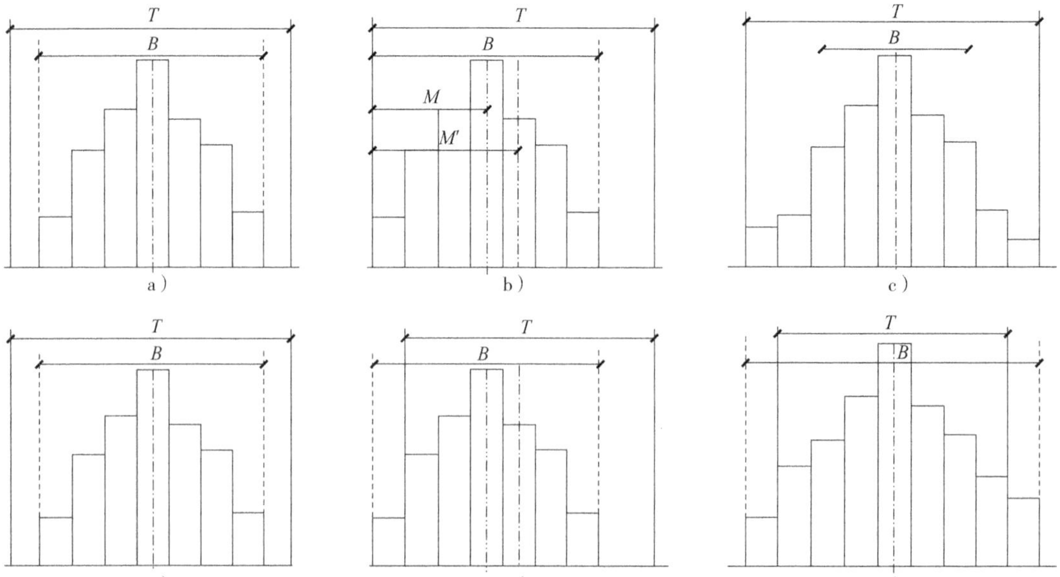

a）　b）　c）

d）　e）　f）

注：①T 表示质量标准要求界限；②B 表示质量特性分布范围；③点划线为质量标准中心（线）；④双点划线为质量分布中心（线）

a）最理想。B 在 T 中间，质量分布中心与质量标准中心重合，实际数据分布与质量标准相比较两边还有一定余地。这样的生产过程质量是很理想的，说明生产过程处于正常的稳定状态。在这种情况下生产出来的产品可认为全都是合格品。

b）有风险。B 虽然落在 T 内，但质量分布中 B 与 T 的中心 M 与 M' 不重合，偏向一边。生产状态一旦发生变化，就可能超出质量标准下限而出现不合格品。

c）风险较大。B 在 T 中间，且 B 的范围接近 T 的范围，没有余地。生产状态一旦发生较小的变化，产品的质量特性值就可能超出质量标准的上限或下限。

d）质量好，不经济。B 在 T 中间，但两边余地太大，说明加工过于精细，不经济。这种情况下，可以适当放宽质量标准，降低成本。

e）质量分布范围 B 已超出标准 T 的下限。说明已出现不合格品。此时必须采取措施进行调整。

f）质量分布范围完全超出了质量标准上、下界限。实际质量已经完全超过上限和下限，散差太大，说明已产生许多废品。说明生产能力不足，应提高生产 n 能力。

59. 质量控制图的用途是（　　）。

A. 分析并控制生产过程质量状态

B. 分析判断产品质量分布状况

C. 系统整理分析质量问题产生的原因

D. 寻找影响质量的主次因素

60. 质量管理人员为了及时掌握生产过程质量的变化情况并采取有效的控制措施，可采用（　　）进行跟踪分析。

A. 排列图法　　B. 因果分析图法

C. 控制图法　　D. 直方图法

61. 通过质量控制的动态分析能随时了解生产过程中的质量变化情况，预防出现废品。下列方法中，属于动态分析方法的是（　　）。

A. 排列图法　　B. 直方图法

C. 控制图法　　D. 解析图法

62. 下列质量管理应用的统计分析方法中，具有动态分析功能的是（　　）。

A. 排列图法　　B. 因果分析图法

C. 直方图法　　D. 控制图法

63. 控制图法是工程质量控制的统计分析方法之一，其用途包括（　　）。

A. 过程控制　　B. 评价过程能力

C. 找出薄弱环节　　　　D. 掌握质量分布规律

E 过程分析

导图解析：

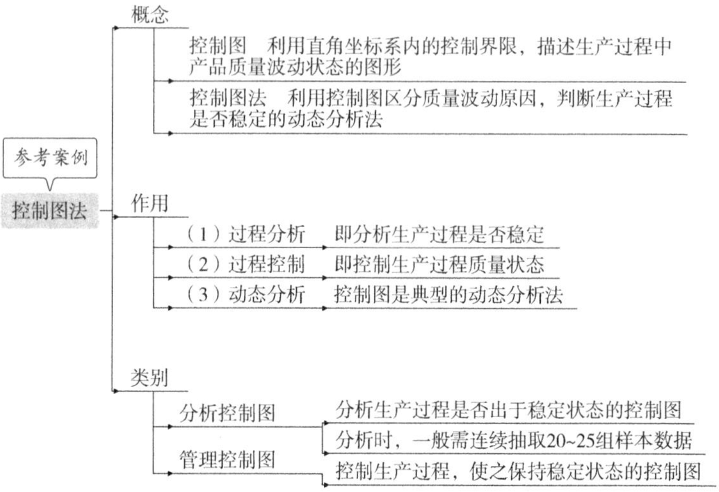

64. 用控制图进行工程质量分析时，表明工程质量属于正常情形的有（　　）。

A. 质量点在控制界限内的排列呈周期性变化

B. 连续 25 点以上处于控制界限内

C. 连续 7 点以上呈上升排列

D. 连续 35 点中有 1 点超出控制界限

E. 连续 100 点中有不多于 2 点超出控制界限

考点： 质量统计分析方法——控制图法

解析： 选项 A、C 均属点子排列有缺陷。

选项 B、D、E 正确；“25、35、100，0 点、1 点和 2 点”——点子几乎全部落在上下界限内，应同时满足：①连续 25 点以上处于控制界限内；②连续 35 点≤1 点超出控制界限；③连续 100 点≤2 点超出控制界限。

65. 当质量控制图同时满足（　　）时，可认为生产过程处于稳定状态。

A. 点子多次同侧

B. 点子分布出现链

C. 控制界限内的点子排列没有缺陷

D. 点子落在控制界限之内

E. 点子有趋势或倾向

导图解析：

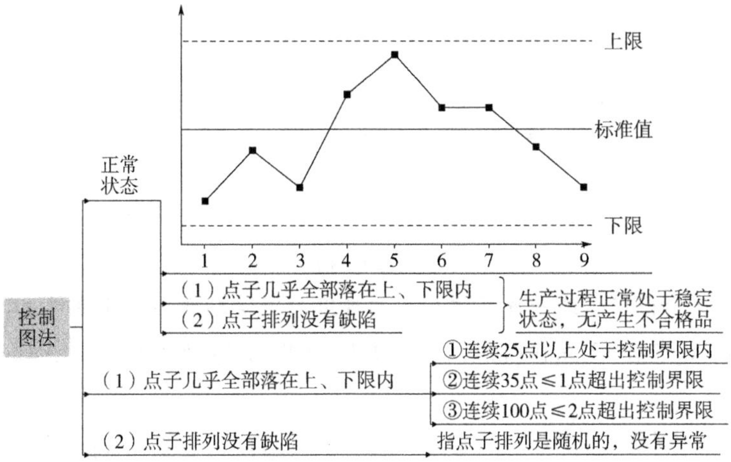

66. 工程质量统计分析中，应用控制图分析判断生产过程是否处于稳定状态时，可判断生产过程为异常的情形有（　　）。

A. 点子几乎全部落在控制界限内　　B. 中心线一侧出现 7 点链

C. 中心线两侧有 5 点连续上升　　D. 点子排列显示周期性变化

E. 连续 11 点中有 10 点在同侧

导图解析：

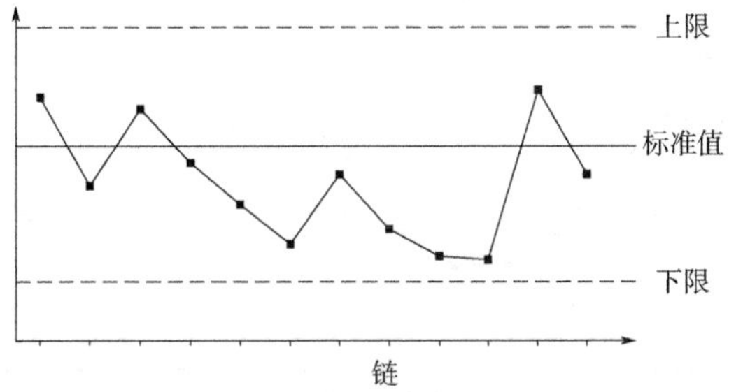

概念：是指点子连续出现在中心线一侧的现象。定量标准为：

出现 5 点链，应注意生产过程发展状况。　（警示）

出现 6 点链，应开始调查原因。　（原因）

出现 7 点链，应判定工序异常，需采取处理措施。　（措施）

67. 工程质量统计分析中，应用控制图分析判断生产过程是否处于稳定状态时，可判断生产过程为异常的情形有（　　）。

A. 点子几乎全部落在控制界线外　　B. 中心线一侧出现 7 点链

C. 中心线两侧有 6 点连续上升　　D. 点子排列显示周期性变化

E. 连续 14 点有 11 点在同侧

导图解析：

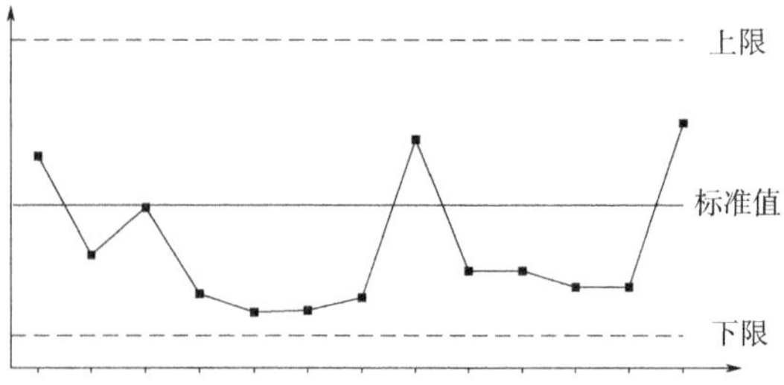

多点一侧

概念：是指点子在中心线一侧多次出现的现象。定量标准为：①连续 11 点中有 10 点在同侧；②连续 14 点中有 12 点在同侧；③连续 17 点中有 14 点在同侧；④连续 20 点中有 16 点在同侧。

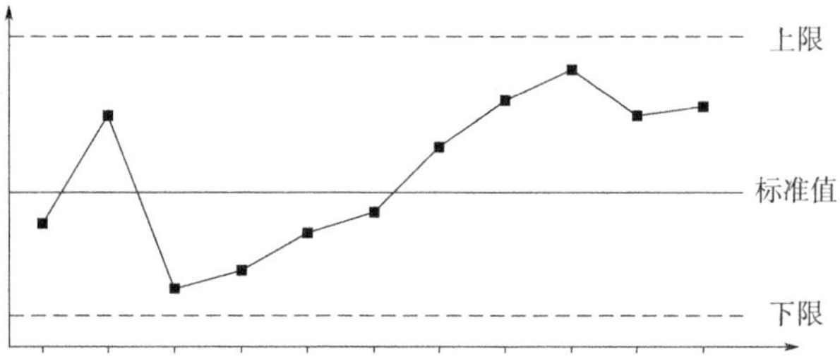

趋势

概念：趋势或倾向。是指点子连续上升或连续下降的现象。连续 7 点及以上上升或下降排列，就判定生产过程有异常因素影响，应立即采取措施。

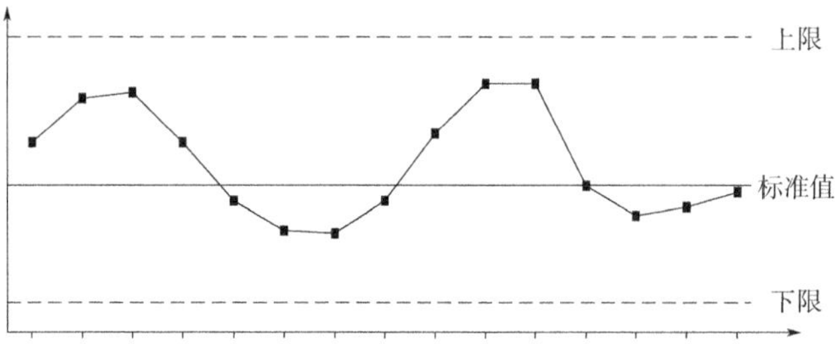

周期性变化

概念：点子的排列显示周期性变化的现象。这样即使所有点子都在控制界限内，也应认为生产过程为异常。

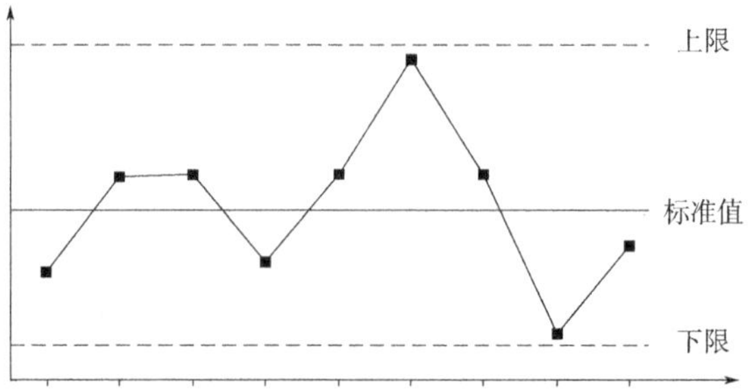

概念：点子排列接近控制界限。异常判定标准为：①连续 3 点至少有 2 点接近控制界限；②连续 7 点至少有 3 点接近控制界限；③连续 10 点至少有 4 点接近控制界限。

68. 控制图按用途分为分析用控制图和管理用控制图，管理用控制图（　　）。

A. 可以用来控制生产过程　　B. 可以用来控制质量成本

C. 可以找出质量问题的原因　　D. 是静态的

E. 是动态的

解析：监理教材中的所有质量统计分析法中，控制图（管理图）是唯一一种动态分析控制方法，其余统计分析方法均为静态分析法。

69. 在下列质量统计分析方法中，可用于过程评价或过程控制的有（　　）。

A. 排列图　　B. 因果分析图

C. 直方图　　D. 控制图

E. 相关图

解析：这个题是将直方图和管理图合二为一了。直方图可以用于生产能力（过程）评价，管理图可以用于生产过程的分析和控制。

70. 在下列工程质量统计分析方法中，用来显示两种质量数据之间关系的是（　　）。

A. 因果分析图法　　B. 相关图法

C. 直方图法　　D. 控制图法

解析：数据之间的关系有两种：①因果关系；②关联关系。因果分析图法是分析造成某一结果的因果关系，相关图法更侧重于利用大数据，找出两类数据之间的关联。

71. 采用相关图法分析工程质量时，散布点形成由左向右向下的一条直线带，说明两变量之间的关系为（　　）。

A. 负相关　　B. 不相关　　C. 正相关　　D. 弱正相关

导图解析：

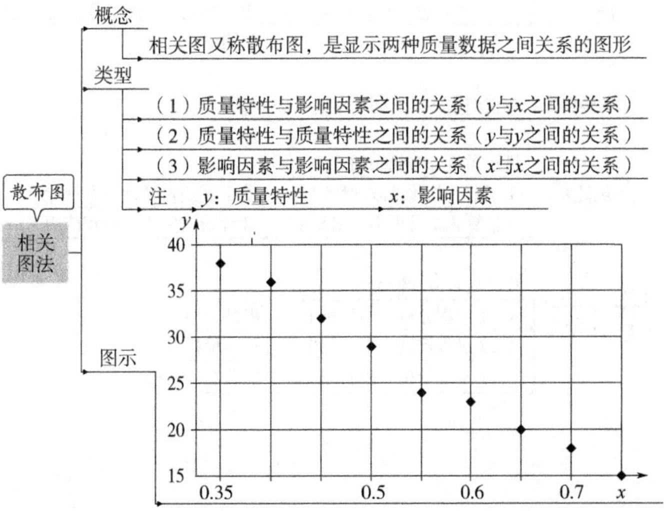

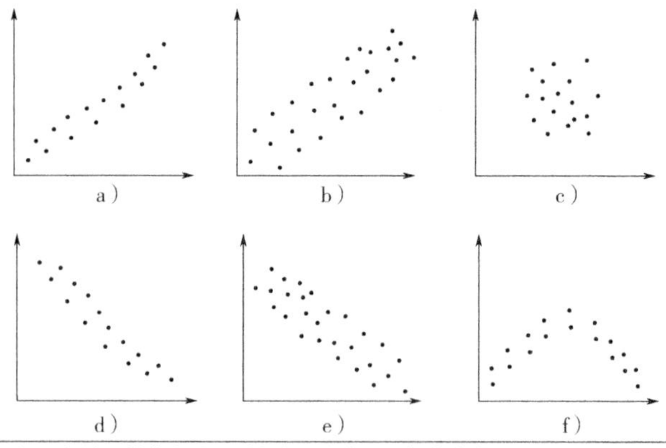

- 相关图法（散布图）
  - 六种状态
    - a）正相关：散布点从左到右向上变化的一条直线带
    - b）弱正相关：散布点从左到右总体向上，但相对分散的直线带
    - c）不相关：散布点形成一团或平行于x轴的直线带
    - d）负相关：散布点从左到右向下变化的一条直线带
    - e）弱负相关：散布点从左到右总体向下，但相对分散的直线带
    - f）非线性相关：散布点呈一曲线带

质量统计分析

- **分层法**
  - （1）分层法又称为分组法，是按某一性质进行分组、整理的分析方法
  - （2）其他统计方法（排列图法、直方图法）通常与之结合使用
- **排列图法**
  - 寻找影响质量主、次因素的方法
  - （1）按不合格项目分类，可分析出造成质量问题的薄弱环节
  - （2）按生产作业分类，可找出生产不合格品最多的关键过程
  - （3）按生产单位分类，可分析比较各单位技术、质量管理水平
  - （4）对比采取措施前后的排列图，可分析措施是否有效
  - （5）此外还可以用于成本费用分析、安全问题分析等
- **因果分析图法**
  - 分析质量问题（结果）与其产生原因直接关系的方法
  - （1）要求绘制者熟悉施工方法，了解施工现场和具体操作情况
  - （2）要集思广益，相互启发、相互补充，使因果分析更符合实际
  - （3）制订改进的措施和对策，限期解决问题
- **相关图法**
  - 分析两组数据之间对应关系的方法
- **直方图法**
  - 描述质量分布状态的方法
  - ①了解产品质量波动情况
  - ②掌握质量特性分布规律
  - ③估算施工过程不合格品率
  - ④评价实际生产过程能力
- **控制图法**（动态控制）
  - 描述质量波动情况的方法
  - （1）过程分析：即分析生产过程是否稳定
  - （2）过程控制：即控制生产过程质量状态
  - （3）动态分析：控制图是典型的动态分析法

第三节　现场实操

真题实战

72. 在地质条件相近，桩型和施工条件相同情形下，采用单桩高应变动检测法检测桩基础时，检测数量不宜少于总桩数的（　　），且不应少于5根。

A. 1%　　B. 2%　　C. 3%　　D. 5%

考点： 专业质量抽检——地基基础工程检测试验

解析： 口诀："5福临门高应变"。

对预制桩和满足高应变法适用检测范围的灌注桩，当有静载对比试验时，可采用高应变法检验单桩竖向承载力，抽检数量不得少于总桩数的5%，且不得少于5根。

73. 项目监理机构对进场用于工程的钢材，应查验的质量证明文件有（　　）。

A. 使用说明　　B. 产品出厂合格证

C. 出厂检验报告　　D. 进场复验报告

E. 生产许可证

考点： 施工准备阶段质量控制——工程材料

解析： 工程材料质量证明文件包括：①出厂合格证；②质量检验报告；③性能检测报告；④质量抽检报告。

74. 用钢筋应进行延性检验，检验合格应满足的要求有（　　）。

A. 抗拉强度实测值与抗拉强度标准值的比值不小于1.15

B. 抗拉强度实测值与屈服强度实测值的比值不小于1.25

C. 抗拉强度实测值与屈服强度标准值的比值不大于1.30

D. 最大力下总压缩率不大于9%

E. 最大力下总伸长率不小于9%

考点： 混凝土结构检测试验

解析： 对按一、二、三级抗震等级设计的框架和斜撑构件（含梯段）中的纵向受力普通钢筋应采用HRB335E、HRB400E、HRB500E、HRBF335E、HRBF400E或HRBF500E钢筋，其强度和最大力下总伸长率实测值应符合下列规定：

①抗拉强度实测值与屈服强度实测值的比值不应小于1.25。

②屈服强度实测值与屈服强度标准值的比值不应大于1.30。

③最大力下总伸长率不应小于9%。

75. 用于工程的钢筋进场后，应按规定抽取试件进行拉力试验，试验内容包括（　　）。

A. 抗拉强度　　B. 屈服强度

C. 冷弯　　D. 伸长率

E. 抗剪强度

76. 根据有关标准，对有抗震设防要求的主体结构，纵向受力钢筋的屈服强度实测值与屈服强度标准值的比值不应大于（　　）。

A. 1.30　　B. 1.35　　C. 1.40　　D. 1.45

77. 根据《混凝土结构工程施工质量验收规范》GB 50204，钢筋运到施工现场后，应进行的主要力学性能试验是（　　）。

A. 抗拉强度和抗剪强度试验　　B. 冷弯试验和耐高温试验

C. 屈服强度和疲劳强度试验　　D. 拉力试验和弯曲性能试验

78. 对同一厂家，同一类型且未超过30t的一批成型钢筋，检验外观质量与尺寸偏差时所采取的抽样方法和抽取数量是（　　）。

A. 随机抽取3个成型钢筋试件　　B. 随机抽取2个成型钢筋试件

C. 随抽取1个成型钢筋试件　　D. 全数检查所有成型钢筋

解析：根据验收规范对于钢筋原材和成型钢筋抽检规定：

(1) 取样数量。钢筋原材：同一厂家、同一类型、同一批次、同一规格，每60t/批。成型钢筋：同一厂家、同一类型、同一钢筋来源，每30t/批。经产品认证符合要求的成型钢筋及连续三批均一次检验合格的同一厂家、同一类型、同一钢筋来源的成型钢筋，检验批量可扩大到不大于60t。

(2) 抽检数量。每批“相同牌号、相同规格”的成型钢筋，应抽取3个试件，检验结果可按3个试件的平均值判断。每批“不同牌号、不同规格”的成型钢筋，应抽取1个钢筋试件进行检验，试件总数不少于3个；所有抽取试件的检验结果均应合格。

仅有2种钢筋牌号、规格时，3个试件中的2个为相同牌号、规格；此时相同牌号、规格的2个试件可按平均值判断检验结果。

79. 下列关于钢绞线进场复验的说法中，正确的是（　　）。

A. 同一规格的钢绞线每批不得大于6t

B. 检验试验必须进行现场抽样

C. 力学性能的抽样检验需进行反复弯曲试验

D. 抽样检验时，应从每批钢绞线中任选3盘取样送检

80. 工程施工过程中，对于钢筋电渣压力焊焊接接头，应进行的力学性能试验是（　　）。

A. 抗剪试验　　B. 弯曲试验　　C. 焊缝试验　　D. 拉伸试验

81. 根据有关标准，对有抗震设防要求的主体结构，纵向受力钢筋在最大力下的总伸长率不应小于（　　）。

A. 3%　　B. 5%　　C. 7%　　D. 9%

导图解析：

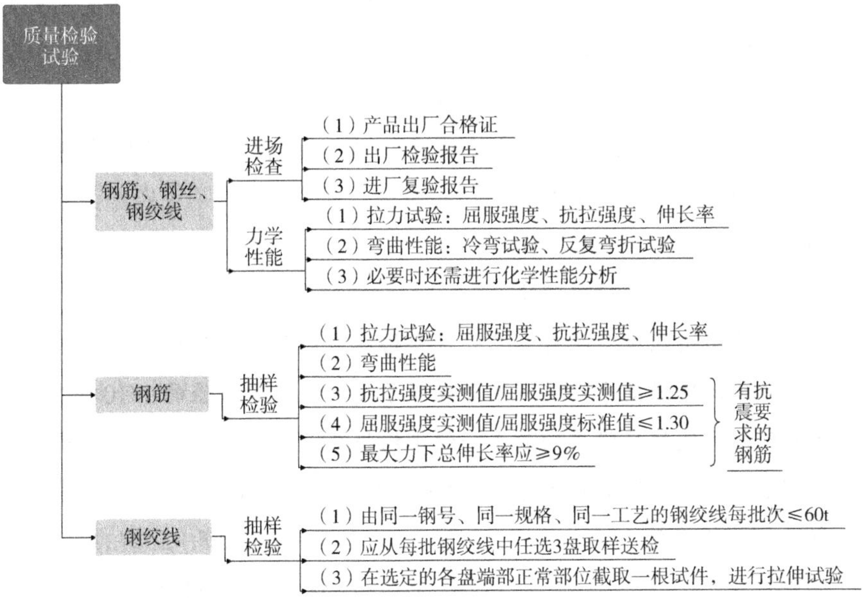

82. 钢结构焊接检验中，第三方检验应具有相应检验资质，并由（　　）委托。

A. 施工单位　　B. 监理单位

C. 建设单位　　D. 钢结构加工单位

导图解析：

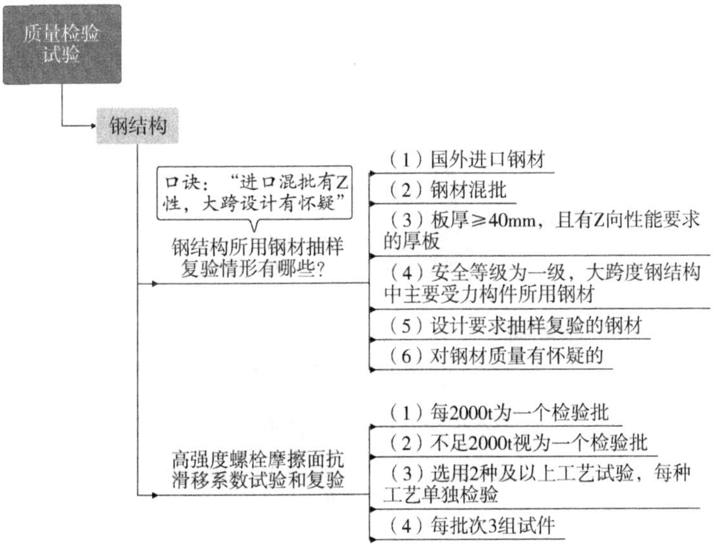

83. 用来表征混凝土拌合物流动性的指标是（　　）。

A. 徐变量　　B. 凝结时间　　C. 稠度　　D. 弹性模量

解析：混凝土的性能包括：和易性、强度、耐久性三个方面。其中，和易性又包括：流动性（老二）、混凝土聚性（老二）、保水性（老三）。三者的关系通常是流动性越好，黏

第四章

勘察与设计各阶段质量管理

知识框架

节	考点
第一节 勘察阶段质量管理	考点一、工作内容 考点二、勘察阶段 考点三、勘察成果
第二节 设计阶段质量管理	考点一、初步设计阶段 考点二、施工图设计阶段

第一节　勘察阶段质量管理

真题实战

1. 目的是要通过收集、分析已有资料，进行现场踏勘的是（　　）。

A. 详细勘察　　B. 初步勘察

C. 试验勘察　　D. 可行性研究勘察

导图解析：

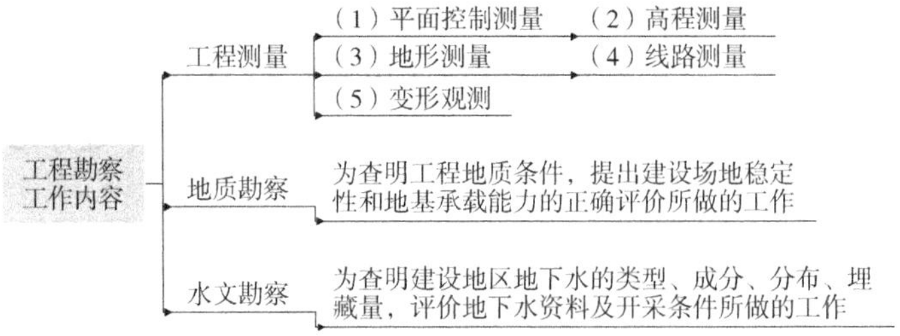

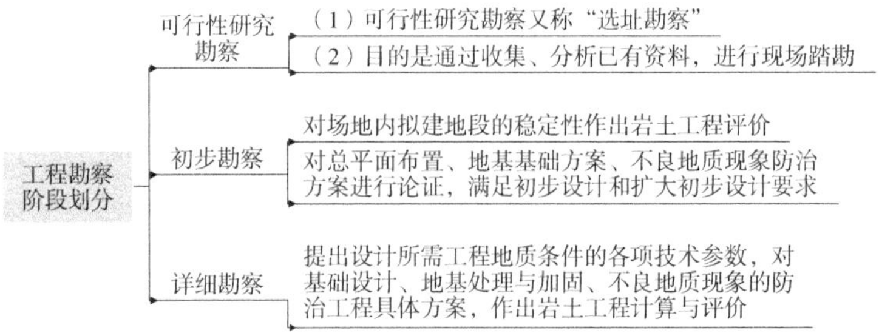

2. 提供工程地质条件技术参数并满足施工图设计要求，是（　　）勘察阶段的主要任务。

A. 可行性研究　　B. 选址

C. 初步　　D. 详细

解析：详细勘察阶段提出设计所需的工程地质条件的各项技术参数，对基础设计、地基基础处理与加固、不良地质现象的防治工程等具体方案做出岩土工程计算与评价，以满足施工图设计的要求。

3. 承担工程勘察相关服务的监理单位，应协助建设单位编制（　　）和选择工程勘察单位。

A. 勘察任务书　　B. 勘察工作计划

C. 勘察方案　　D. 勘察成果评估报告

4. 在实施勘察工作之前，监理工程师应审核勘察单位编制的（　　）。

A. 勘察规划　　B. 勘察方案

C. 勘察管理文件　　D. 勘察工作责任制

5. 工程勘察阶段，监理单位质量控制最重要的工作是审核与评定（　　）。

A. 勘察方案　　B. 勘察合同

C. 勘察任务书　　D. 勘察成果

6. 监理工程师对勘察成果的审核与评定是勘察阶段最重要的监理工作，勘察成果应（　　）。

A. 按规定的程序进行审批

B. 经专家评审后交给监理工程师审核

C. 按质量管理有关程序进行检查和验收

D. 满足技术标准和合同规定的要求

E. 满足勘察任务书的要求

7. 监理工程师在勘察阶段质量控制工作的要点之一是（　　）。

A. 勘察实施方案的制订　　B. 勘察工作方案的审查

C. 勘察成果的技术交底　　D. 勘察工作的总结报告

8. 在工程勘察阶段监理单位可进行的工作是（　　）。

A. 协助建设单位编制勘察任务书　　B. 编写勘察方案

C. 参与建设工程质量事故分析　　D. 编写勘察细则

导图解析：

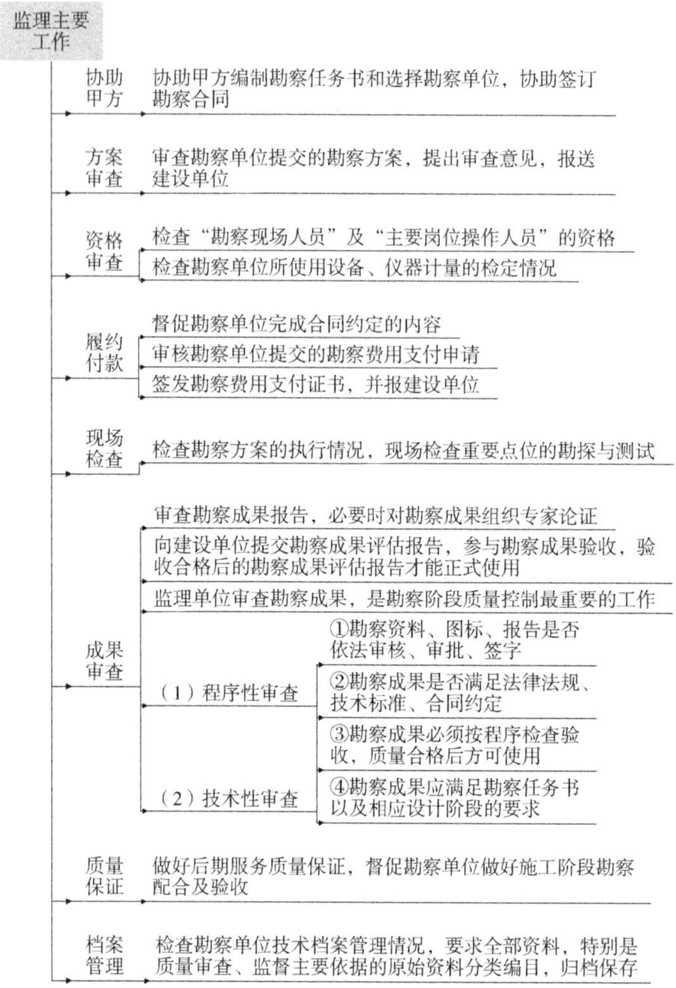

9. 工程勘察单位应履行的勘察后期服务职责是（　　）。

A. 审查施工设计图纸　　B. 配合桩基工程施工

C. 签署工程保修书　　D. 参与工程质量事故分析

考点：参建各方质量责任——勘察方

解析：勘察单位的后期服务：

①组织相关勘察人员及时解决工程设计和施工中与勘察工作有关的问题。

②组织参与施工验槽，组织勘察人员参加工程竣工验收，验收合格后在相关验收文件上签字。

③组织勘察人员参与相关工程质量安全事故分析，并对因勘察原因造成的质量安全事故，提出与勘察工作有关的技术处理措施。

第二节　设计阶段质量管理

真题实战

10. 下列工程设计质量管理工作中，属于工程监理单位工作的有（　　）。

A. 起草设计任务书

B. 协助建设单位向有关单位报审设计文件

C. 审查设计单位提交的设计成果

D. 将设计文件送审图机构审查

E. 起草设计合同

11. 监理单位协助建设单位组织设计方案评审时，对总体方案评审的重点是（　　）。

A. 设计规模　　B. 施工进度

C. 设计深度　　D. 材料选型

12. 评审工程初步设计成果时，重点评审的是（　　）。

A. 总平面布置是否充分考虑方向、风向、采光等要素

B. 设计参数、设计标准、功能和使用价值

C. 新材料、新技术在相关部门的备案情况

D. 使用功能是否满足质量目标和标准

13. 监理单位协助建设单位组织设计方案评审时，对初步设计成果评审应重点审查（　　）。

A. 审核设计项目的完整性、项目是否齐全、有无遗漏项

B. 总图在平面和空间布置上是否有交叉和矛盾

C. 总平面布置、工艺流程、施工进度能否实现

D. 总平面布置是否充分考虑方向、风向、采光、通风等要素

E. 设计方案是否全面、经济评价是否合理

14. 项目监理机构提交的初步设计评估报告中，应对（　　）做出评审意见。

A. 设计深度满足要求情况

B. 设计标准的符合情况

C. 设计任务书完成情况

D. 能否照图施工的情况

E. 有关部门审查意见的落实情况

考点：勘察阶段质量控制——勘察质量管理主要工作

解析：详见下表。

设计成果评估报告 VS 勘察成果评估报告	
设计成果评估报告：标书深度查问题	勘察成果评估报告：标书深度评问题
1. 设计工作概况	1. 勘察工作概况
2. 与设计标准的符合情况	2. 与勘察标准的符合情况
3. 设计任务书的完成情况	3. 勘察任务书的完成情况
4. 设计深度	4. 勘察报告编制深度
5. 有关部门审查意见的落实情况	5. 存在问题及建议

15. 项目监理机构对初步设计成果审核后应提出（　　）。

A. 验收报告　　B. 总结报告

C. 审批报告　　D. 评估报告

16. 根据现行国家标准《建设工程监理规范》GB/T 50319，如提供设计阶段相关服务，监理单位应审查设计成果并提出评估报告，其评估报告的主要内容有（　　）。

A. 设计工作概况

B. 设计深度的符合情况

C. 设计任务书的完成情况

D. 有关部门的备案情况

E. 存在的问题及建议

17. 监理单位接受委托审查设计单位的设计成果后，向建设单位提交的评估报告包括的内容有（　　）。

A. 设计深度与设计标准的符合情况

B. 设计任务书的完成情况

C. 有关部门审查意见的落实情况

D. 设计工作概况

E. 主要设计人员的水平和业绩

18. 根据现行国家标准《建设工程监理规范》GB/T 50319，工程施工采用新技术、新工艺时，应由（　　）组织必要的专题论证。

A. 咨询单位　　B. 监理单位

C. 建设单位　　D. 设计单位

导图解析：

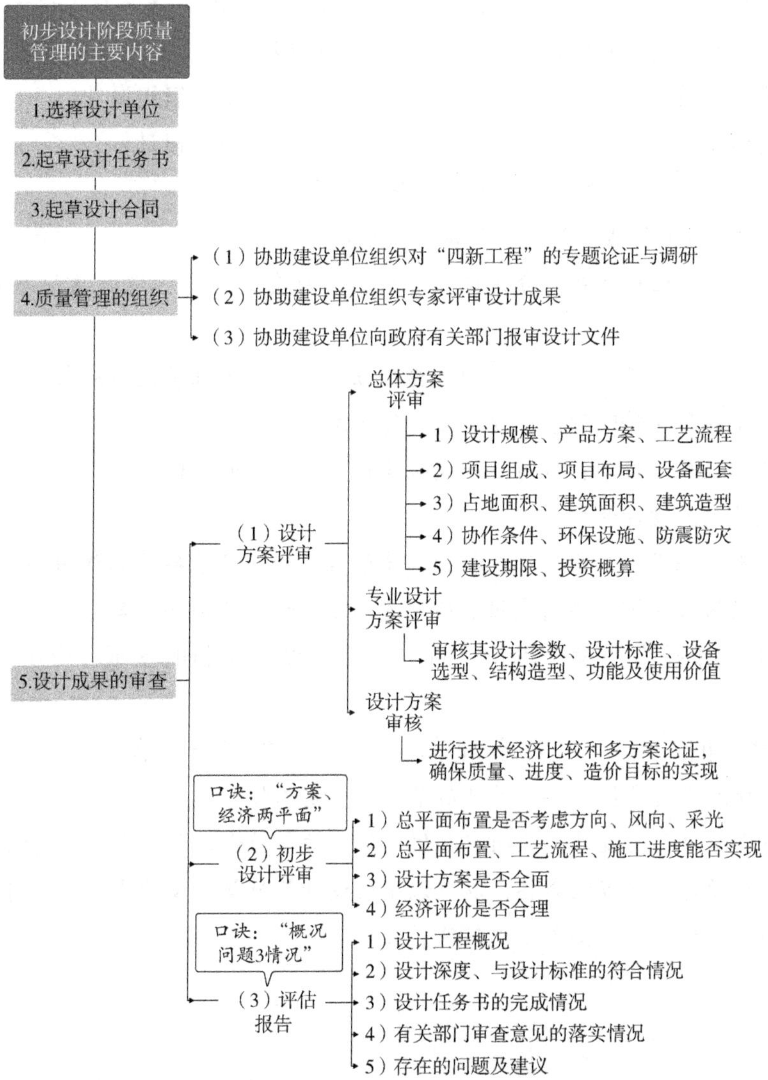

19. 下列关于设计阶段划分的说法中，正确的是（　　）。

A. 民用建筑项目，应分为方案设计、施工图设计和施工设计三个阶段

B. 能源建设项目，按合同约定可以不做初步设计，直接进行施工图设计

C. 工业建设项目，一般分为初步设计和施工图设计两个阶段

D. 简单的民用建筑项目，初步设计之后应增加单项技术设计阶段

解析：口诀：“项目设计两三段，建筑人防三阶段，工交市能两阶段，特殊初设可增项。”

20. 为解决重大技术问题，在（　　）之后可增加技术设计。

A. 方案设计　　　　B. 初步设计

C. 扩初设计　　　　D. 施工图设计

解析：有独特要求的项目，或复杂的，采用新工艺、新技术又缺乏设计经验的重大项目，或有重大技术问题的主体单项工程，在初步设计之后可增加单项技术设计阶段。

21. 主要设备和材料明细表要满足订货要求，这是对（　　）的深度要求。

A. 施工图设计　　B. 施工组织设计

C. 初步设计　　D. 方案设计

考点：设计阶段质量控制——设计质量管理主要工作

解析：初步设计的深度应满足下列基本要求：

（1）通过多方案比较：在充分论证经济效益、社会效益、环境效益的基础上，择优推荐设计方案。

（2）项目单项工程齐全，有详尽的主要工程量清单，工程量误差应在允许范围以内。

（3）主要设备和材料明细表，要满足订货要求。

（4）项目总概算应控制在可行性研究报告估算投资额的 ±10% 以内。

（5）满足施工图设计的要求。

（6）满足土地征用、工程总承包招标、建设准备和生产准备等工作的要求。

（7）满足经核准的可行性研究报告所确定的主要设计原则和方案。

22. 建设单位委托专业设计单位进行二次深化设计绘制的图纸，应由（　　）审核签认。

A. 建设单位　　B. 管理单位　　C. 原设计单位　　D. 勘察单位

考点：设计阶段质量控制——设计质量管理主要工作

解析：对于二次深化设计，应组织深化设计单位与原设计单位充分协商沟通，出具深化设计图纸，由原设计单位审核会签，以确认深化设计符合总体设计要求，并对相关的配套专业设计能否满足深化图纸的要求予以确认。

第五章

建设工程施工质量控制和安全生产管理

知识框架

节	考点
第一节 质量控制依据和工作程序	考点一、质量控制依据 考点二、质量控制程序
第二节 施工准备阶段质量控制	考点一、图纸会审与设计交底 考点二、施工组织设计审查 考点三、现场施工准备质量控制
第三节 施工过程质量控制	考点一、巡视、旁站、平行检验 考点二、见证取样及送检 考点三、永久工程质量控制 考点四、“开、停、复工变更令”的签发
第四节 工程实体质量控制	考点一、地基基础 考点二、主体结构
第五节 危大工程安全管理	考点一、危大工程范围 考点二、专项方案的编审 考点三、现场安全管理

第一节　质量控制依据和工作程序

真题实战

1. 项目监理机构对工程施工质量实施控制的主要依据有（　　）。

A. 工程合同文件　　B. 工程变更设计文件

C. 施工现场质量管理制度　　D. 工程材料试验的技术标准

E. 工程施工质量验收标准

2. 在施工阶段，监理工程师进行质量检验与控制所依据的专门技术法规文件包括（　　）。

A. 建筑工程施工质量验收统一标准

B. 施工材料及其制品质量的技术标准

C. 质量管理体系标准

D. 控制施工作业活动质量的技术规程

E. 有关的新技术、新材料的质量标准

3. 工程采用新工艺、新技术、新材料时，应满足的要求包括（　　）。

A. 完成了相应试验并有相关质量指标　　B. 有权威性的技术鉴定书

C. 制订了质量标准和工艺规程　　D. 符合现行强制性标准规定

E. 有类似工程的应用

4. 工程中采用新工艺、新材料的，应有（　　）及有关质量数据。

A. 施工单位组织的专家论证意见　　B. 权威性技术部门的技术鉴定书

C. 设计单位组织的专家论证意见　　D. 建设单位组织的专家论证意见

5. 项目监理机构应审查施工单位报送的新材料、新工艺、新技术和新设备的质量认证材料，必要时应要求施工单位（　　）。

A. 将质量认证材料报质检部门审批　　B. 提请建设单位组织专题技术论证

C. 组织专题技术论证　　D. 组织设计人员复核

6. 根据现行国家标准《建设工程监理规范》GB/T 50319，工程施工采用新技术、新工艺时，应由（　　）组织必要的专题论证。

A. 施工单位　　B. 监理单位

C. 建设单位　　D. 设计单位

导图解析：

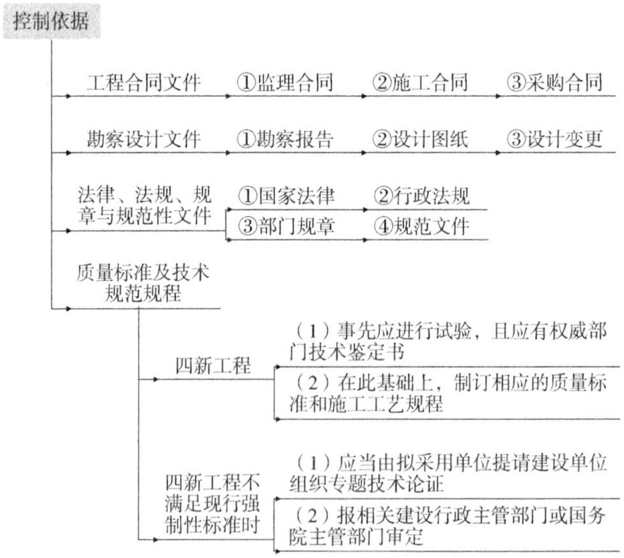

第二节 施工准备阶段质量控制

真题实战

7. 下列关于施工组织设计报审的说法中，正确的有（ ）。

A. 施工单位的技术负责人应审查并签认

B. 总监理工程师应及时组织各专业监理工程师审查

C. 专业监理工程师应签署意见

D. 总监理工程师签署意见后应报建设单位审批

E. 总监理工程师签署意见之前应征求监理单位技术负责人意见

考点：施工准备阶段质量控制——施工组织设计

解析：

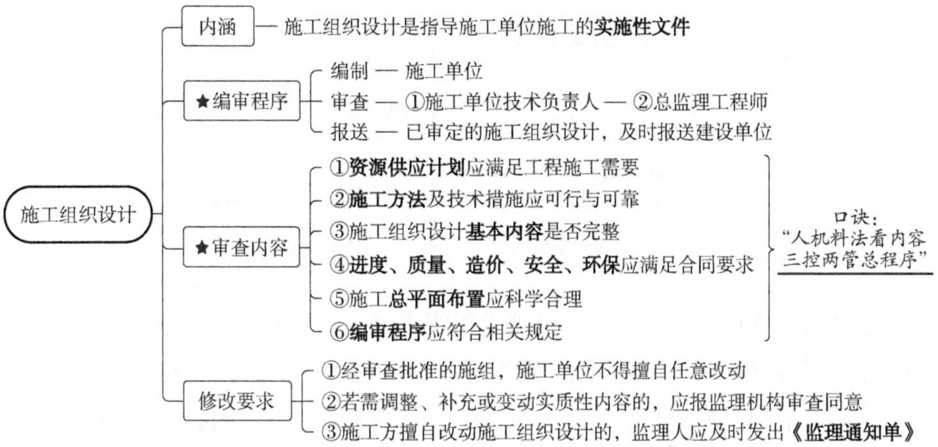

施工单位用表（B类）				
开工报审表	审查：专监	审核：总监	盖章：执业印章	审批：建设单位
复工报审表	审查：监理机构	审核：总监	盖章	审批：建设单位
施工组织设计或方（专）案报审表	审查：专监	审核：总监	盖章：执业印章	审批：建设单位（仅对超危工程）
分包单位资格报审表	审查：专监	审核：总监	盖章	审批
材料、构（配）件、设备报审表	审查：专监	审核	盖章	审批
施工控制测量成果报验表	审查：专监	审核	盖章	审批

注：专业监理工程师简称专监，总监理工程师简称总监。

8. 监理工程师对承包单位的现场施工准备所进行的质量控制工作包括（ ）。

A. 审查承包单位实验室或外委实验室

B. 审查认可承包单位关于建筑材料采购的申报

C. 重点审查总承包单位选定分包单位的资格

D. 现场图纸核对中发现的问题应及时以书面形式报告给设计单位

E. 审核承包单位对原始基准点、基准线和标高的复测结果

9. 经项目监理机构审查合格的工程项目施工组织设计，应由（　　）签认。

A. 监理单位技术负责人　　B. 总监理工程师

C. 建设单位项目负责人　　D. 总监理工程师代表

导图解析：

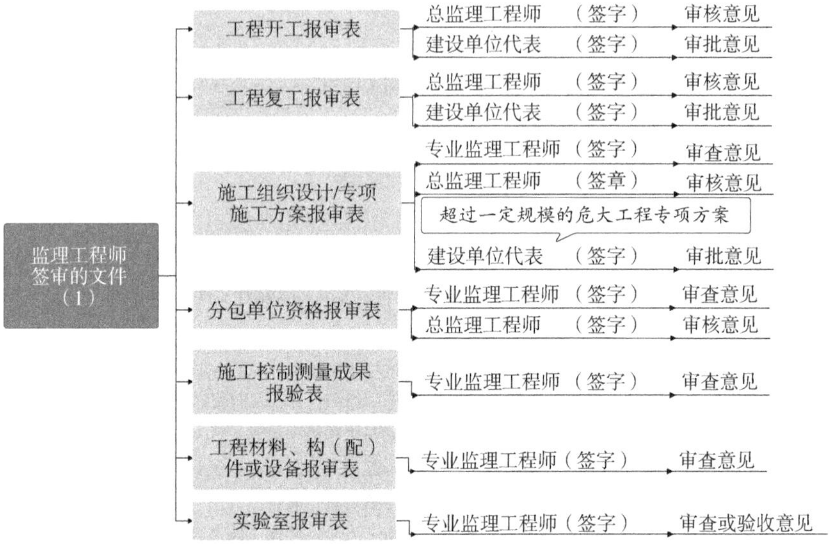

10. 对于结构特殊或复杂的工程项目施工组织设计，必要时项目监理机构可与建设单位协商，组织有关专业部门和专家会审，提出意见后由（　　）签发审查意见。

A. 总监理工程师　　B. 监理单位技术负责人

C. 专业部门负责人　　D. 会审专家组组长

导图解析：

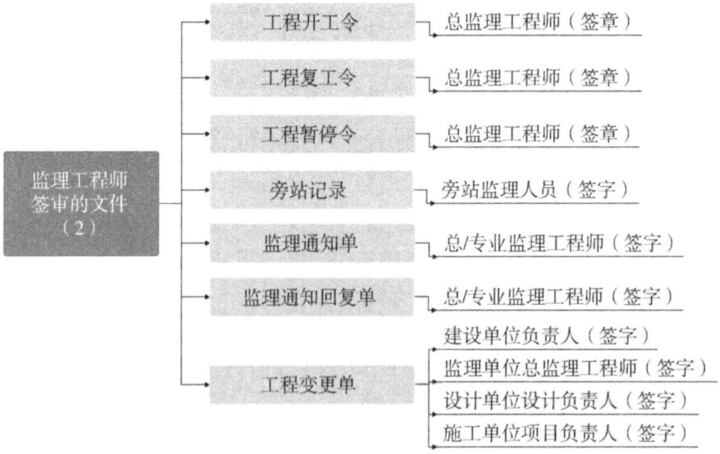

11. 根据现行国家标准《建设工程监理规范》GB/T 50319，下列施工单位报审表中，需要总监理工程师签字并加盖执业印章的是（　　）。

A. 监理通知单　　B. 施工组织设计报审表

C. 分部工程报验表　　D. 工程复工报审表

12. 施工组织设计是指导施工单位进行施工的实施性文件，经（　　）签审后方可实施。

A. 施工项目经理　　B. 总监理工程师

C. 专业监理工程师　　D. 建设单位代表

13. 施工组织设计专项施工方案报审表的附件不包括（　　）。

A. 施工组织设计　　B. 专项施工方案

C. 施工方案　　D. 材料、设备成本

14. 根据现行国家标准《建设工程监理规范》GB/T 50319，下列工程资料中，需要建设单位签署审批意见的是（　　）。

A. 监理规划

B. 施工组织设计

C. 工程暂停令

D. 超过一定规模的危险性较大的分部（分项）工程专项施工方案

15. 下列报审、报验表中，需要建设单位签署审批意见的是（　　）。

A. 分包单位资格报审表　　B. 施工进度计划报审表

C. 分项工程报验表　　D. 工程复工报审表

16. 根据现行国家标准《建设工程监理规范》GB/T 50319，项目监理机构应将已审核签认的施工组织设计报送（　　）。

A. 工程质量监督机构　　B. 建设单位

C. 监理单位　　D. 施工单位

17. 根据现行国家标准《建设工程监理规范》GB/T 50319，下列施工单位提交的报审表中，需要建设单位签署审批意见的是（　　）。

A. 工程材料报审表　　B. 施工控制测量成果报验表

C. 分部工程报验表　　D. 工程开工报审表

18. 总监理工程师组织专业监理工程师对施工方案内容进行审查时，应重点审查（　　）。

A. 施工方案编制人资格是否符合要求

B. 施工方案是否有针对性和可操作性

C. 施工方案审批人资格是否符合要求

D. 工程概况是否全面

考点：施工准备阶段质量控制——施工方案

解析：监理人应重点审查施工方案：

①是否具有针对性、指导性、可操作性。

②现场施工管理机构是否建立了完善的质量保证体系，是否明确工程质量要求及标准，是否健全了质量保证体系组织机构及岗位职责，是否配备了相应的质量管理人员。

③是否建立了各项质量管理制度和质量管理程序等。

④施工质量保证措施是否符合现行的规范、标准等，特别是与工程建设强制性标准的符合性。

19. 项目监理机构收到施工单位报送的实验室报审表及有关资料后，应由（　　）进行审查，并提出具体审查意见。

A. 总监理工程师　　B. 专业监理工程师

C. 监理员　　D. 总监理工程师代表

20. 根据现行国家标准《建设工程监理规范》GB/T 50319，下列施工单位报审表中，需由总监理工程师签字并加盖执业印章的是（　　）。

A. 工程复工报审表　　B. 监理通知回复单

C. 分项工程报验表　　D. 施工组织设计报审表

导图解析：

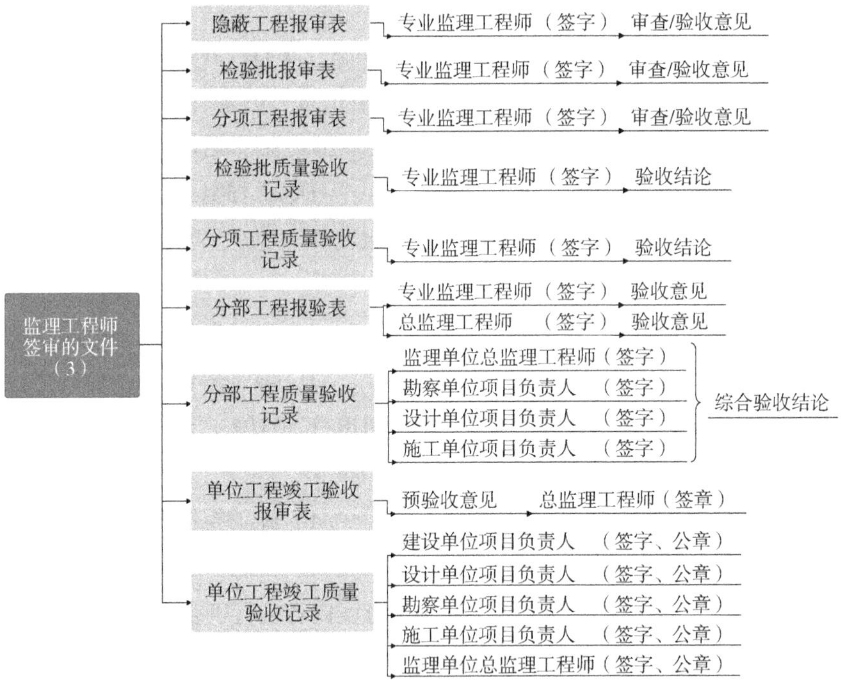

21. 下列活动中，属于监理工程师施工准备质量控制工作的是（　　）。

A. 施工生产要素配置质量审查　　B. 施工作业技术交底

C. 材料价格变动预测　　D. 工程变更可能性预测

22. 施工图设计文件审查合格后，（　　）应及时主持召开图纸会审会议，与会各方会签会议纪要。

A. 建设单位　　B. 施工单位

C. 项目监理机构　　　　　　　　　　　D. 设计单位

导图解析：

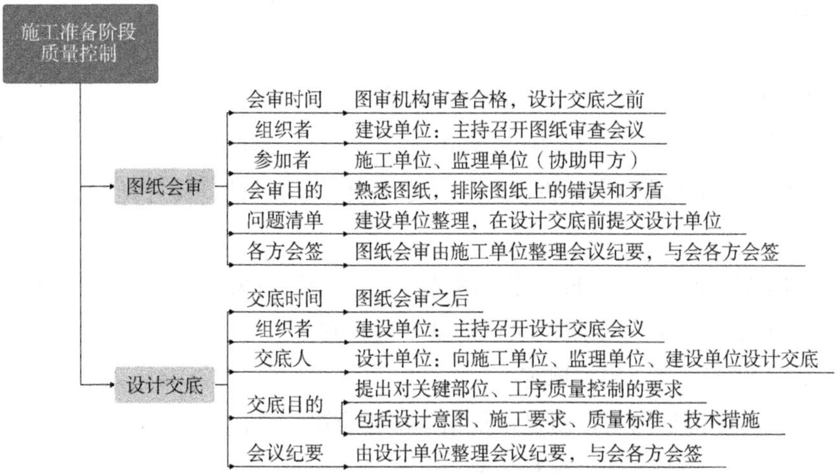

23. 总监理工程师组织监理人员参加图纸会审的目的有（　　）。

A. 了解设计意图

B. 发现图纸中的差错

C. 检查设计深度是否达到要求

D. 熟悉设计文件对主要工程材料的要求

E. 审查消防设计是否符合设计规范要求

考点：施工准备阶段质量控制——图纸会审

解析：图纸会审的目的是为了了解设计意图，在熟悉图纸的同时排除图纸上的错误和矛盾。

24. 工程开工前，图纸会审会议应由（　　）主持召开。

A. 项目监理机构　　B. 施工单位　　C. 建设单位　　D. 设计单位

25. 图纸会审的内容一般不包括（　　）。

A. 设计地震烈度是否符合当地要求　　B. 防火、消防是否满足要求

C. 建筑材料来源有无保证　　D. 图纸是否符合监理规划所提要求

26. 图纸会审的会议纪要应由（　　）负责整理，与会各方会签。

A. 监理单位　　B. 建设单位　　C. 施工单位　　D. 设计单位

27. 管理人员参加施工图设计交底会，有利于（　　）。

A. 了解工程材料的来源有无保证　　B. 掌握关键工程部位的质量要求

C. 了解建设单位的建设意图　　D. 了解设计方法

考点：施工准备阶段质量控制——设计交底

解析：施工图设计交底有利于进一步贯彻设计意图和修改图纸中的“错、漏、碰、缺”；帮助施工单位和监理单位加深对施工图设计文件的理解，掌握关键工程部位的质量要

求，确保工程质量。

28. 设计交底是保证工程质量的重要环节，设计交底应由（　　）主持。

A. 监理单位　　B. 建设单位

C. 设计单位　　D. 施工图审查单位

29. 工程开工前，应由（　　）组织召开设计交底会议。

A. 设计单位　　B. 施工单位　　C. 建设单位　　D. 监理单位

30. 施工单位擅自改动经审查批准的施工组织设计，项目监理机构应及时发出（　　），要求按程序重新报审。

A. 监理通知单　　B. 工作联系单　　C. 口头指令　　D. 工程暂停令

31. 项目监理机构审查施工组织设计的基本内容有（　　）。

A. 编审程序应符合相关规定

B. 施工进度计划和工程质量保证措施应符合施工合同要求

C. 专业分包合同签订符合有关要求

D. 资金、劳动力、材料、设备等供应计划应满足工程需要

E. 安全技术措施应符合工程建设强制性标准

32. 根据现行国家标准《建设工程监理规范》GB/T 50319，项目监理机构审查施工方案时，应重点审查施工方案的（　　）和质量保证措施是否符合相关规定和标准。

A. 编审依据　　B. 编审程序　　C. 编审方法　　D. 编审原则

导图解析：

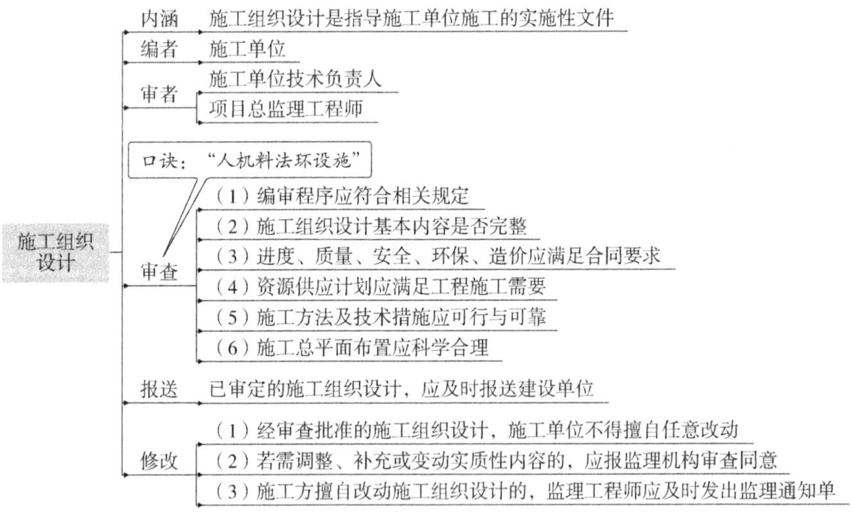

33. 项目监理机构对施工方案的审查内容是（　　）。

A. 施工总平面布置　　B. 计算书及相关图纸

C. 资金、劳动力等资源供应计划　　D. 施工预算

解析：审查施工方案的基本内容是否完整，包括以下内容：

（1）工程概况：分部（分项）工程概况、施工平面布置、施工要求和技术保证条件。

（2）编制依据：相关法律法规、标准、规范及图纸（国标图集）、施工组织设计等。

（3）施工安排：包括施工顺序及施工流水段的确定、施工进度计划、材料与设备计划。

（4）施工工艺技术：技术参数、工艺流程、施工方法、检验标准等。

（5）施工保证措施：组织保障、技术措施、应急预案、监测监控等。

（6）计算书及相关图纸。

34. 分包工程开工前，专业监理工程师应审查施工单位报送的分包单位资格报审表及有关资料，审查时应注意（　　）。

A. 分包合同内容是否全面

B. 施工单位报送的资料是否完整、真实、有效

C. 类似工程业绩的证明文件是否相符

D. 拟分包工程的内容和范围是否合法

E. 拟承担分包工程内容与资质等级是否相符

导图解析：

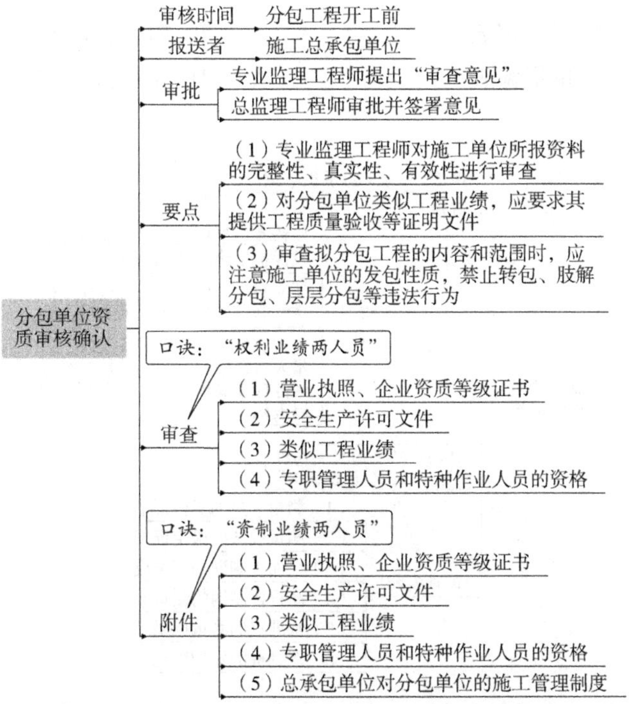

35. 分包工程开工前，项目监理机构应审核施工单位报送的分包单位资格报审表及有关资料，对分包单位资格审核的基本内容包括（　　）。

A. 分包单位资质及其业绩

B. 分包单位专职管理人员和特种作业人员资格证书

C. 安全生产许可文件

D. 施工单位对分包单位的管理制度

E. 分包单位施工规划

36. 承包单位向项目监理机构报送的分包单位资格审查表中应附有分包单位的（　　）。

A. 资质和业绩材料　　B. 营业执照和经营范围

C. 资质和分包合同　　D. 项目经理职责和施工计划

E. 施工单位对分包单位的管理制度

37. 监理机构审核施工单位报送的分包单位资格报审表及有关资料的内容包括（　　）。

A. 营业执照、资质证书　　B. 安全生产许可文件

C. 类似工程业绩　　D. 专职管理人员和特种作业人员的资格

E. 分包合同协议条款和分包工程内容

38. 分包单位资格报审表中的审核意见应由（　　）签署。

A. 建设单位项目负责人　　B. 施工单位项目负责人

C. 专业监理工程师　　D. 总监理工程师

39. 在施工单位提交的下列报审表、报验表中，专业监理工程师签署审查意见后，总监理工程师还应签署审核意见的是（　　）。

A. 分包单位资格报审表　　B. 施工控制测量成果报验表

C. 分项工程质量报验表　　D. 工程材料、构(配)件、设备报审表

导图解析：

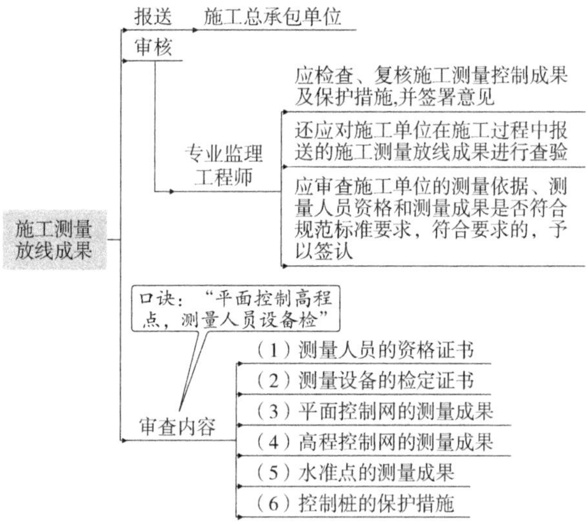

40. 在现场施工准备的质量控制中，项目监理机构对工程施工测量放线的复核控制工作应由（　　）负责。

A. 监理单位技术负责人　　B. 现场监理员

C. 测量专业监理工程师　　D. 总监理工程师

41. 在施工测量的质量控制中，承包单位应对建设单位给定的原始基准点、基准线和标高等进行复核，并将复核结果报（　　）审核。

A. 建设单位　　B. 监理单位
C. 质量监督机构　　D. 建设行政主管部门

42. 项目监理机构审查施工单位报送的施工控制测量成果报验表及相关资料时，应重点审查（　　）是否符合标准及规范的要求。

A. 测量依据　　B. 测量管理制度　　C. 测量人员资格　　D. 测量手段
E. 测量成果

43. 专业监理工程师应检查、复核施工单位报送的施工控制测量成果及保护措施，检查复核的内容包括（　　）。

A. 测量管理制度　　B. 测量设备检定证书
C. 施工高程控制网　　D. 施工平面控制网
E. 施工临时水准点

44. 根据现行国家标准《建设工程监理规范》GB/T 50319 下列施工控制测量成果及保护措施中，项目监理机构复核的内容不包括（　　）。

A. 施工单位测量人员的资格证书　　B. 施工平面控制网的测量成果
C. 测量设备的养护记录　　D. 控制性的保护措施

45. 项目监理机构对施工单位提供的实验室进行检查的内容有（　　）。

A. 实验室的资质等级　　B. 实验室的试验范围
C. 实验室的性质和规模　　D. 实验室的管理制度
E. 实验人员的资格

导图解析：

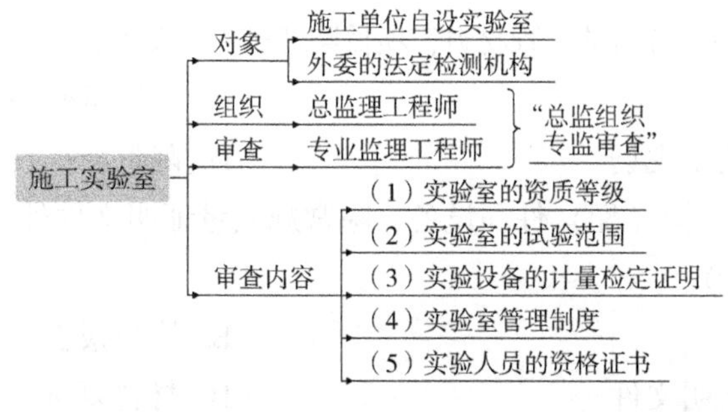

46. 工程作业开始前，承包单位应向监理机构报送实验室（或外委实验室）的（　　）。

A. 正式委托书　　B. 基本情况
C. 资质证明文件　　D. 设备数量情况

47. 由承包单位负责采购的原材料、半成品和构（配）件，在采购订货前应向（　　）申报。

A. 建设单位现场代表　　B. 项目技术负责人
C. 监理工程师　　D. 项目经理

48. 监理工程师在对承包单位材料、构（配）件采购订货的质量控制中，应要求承包单位向供货方索取（　　）用于证明其质量符合要求。

A. 质量计划　　B. 质量文件　　C. 质量信息　　D. 质量手册

49. 项目监理机构收到施工单位报送的工程材料、构（配）件、设备报审表后，应重点审查工程材料、构（配）件、设备的（　　）。

A. 质量证明文件　　B. 采购合同　　C. 设计要求文件　　D. 考察报告

50. 工程设备验收前，设备安装单位提交的设备验收方案包括（　　）等内容。

A. 验收方法　　B. 质量标准　　C. 验收依据　　D. 验收程序

E. 验收结果

51. 下列文件中，属于工程材料质量证明文件的有（　　）。

A. 材料供货合同　　B. 出厂合格证

C. 质量检验报告　　D. 质量验收标准

E. 性能检测报告

52. 工程施工过程中，对已进场但检验不合格的工程材料，项目监理机构应要求施工单位（　　）。

A. 停工整改并封存不合格材料

B. 征求设计单位对不合格材料的使用意见

C. 限期将不合格材料撤出施工现场

D. 征求检测机构对不合格材料的使用意见

53. 监理工程师发现施工现场有不合格的构（配）件时，应（　　）。

A. 下达工程暂停令　　B. 责令不得用于工程重要部位

C. 责令做出标识，限期清除出场　　D. 责令限期修补合格后备用

54. 对已进场经检验不合格的工程材料，项目监理机构应要求施工单位将该批材料（　　）。

A. 就地封存　　B. 重新试验检测，合格后方可使用

C. 限期撤出施工现场　　D. 降低标准使用

55. 对于进口材料、构（配）件和设备，除常规质量证明文件外，专业监理工程师应要求施工单位报送（　　）。

A. 合格证　　B. 检验报告

C. 进口商检证明文件　　D. 材料复试报告

56. 由施工单位负责采购的大型设备，需要考察供货厂商时，应由（　　）组织考察。

A. 建设单位　　B. 项目监理机构　　C. 总承包单位　　D. 设计单位

57. 用于工程的进口材料、构（配）件和设备，按合同约定需要进行联合检查验收的，应由（　　）提出联合检查验收申请。

A. 施工单位　　B. 项目监理机构　　C. 供货单位　　D. 建设单位

58. 施工所需原材料、半成品或构（配）件，经（　　）审查并确认其合格后方准进场使用。

A. 施工单位技术负责人　　B. 咨询单位项目负责人

C. 监理工程师　　D. 施工项目技术负责人

59. 用于工程的进口设备进场后，应由（　　）组织相关单位进行联合检查验收。

A. 建设单位　　B. 项目监理机构

C. 施工单位　　D. 设备供应单位

60. 项目监理机构对进场工程原材料外观质量进行检查的主要内容有（　　）。

A. 外观尺寸　　B. 规格　　C. 型号　　D. 产品标志

E. 工艺性能

导图解析：

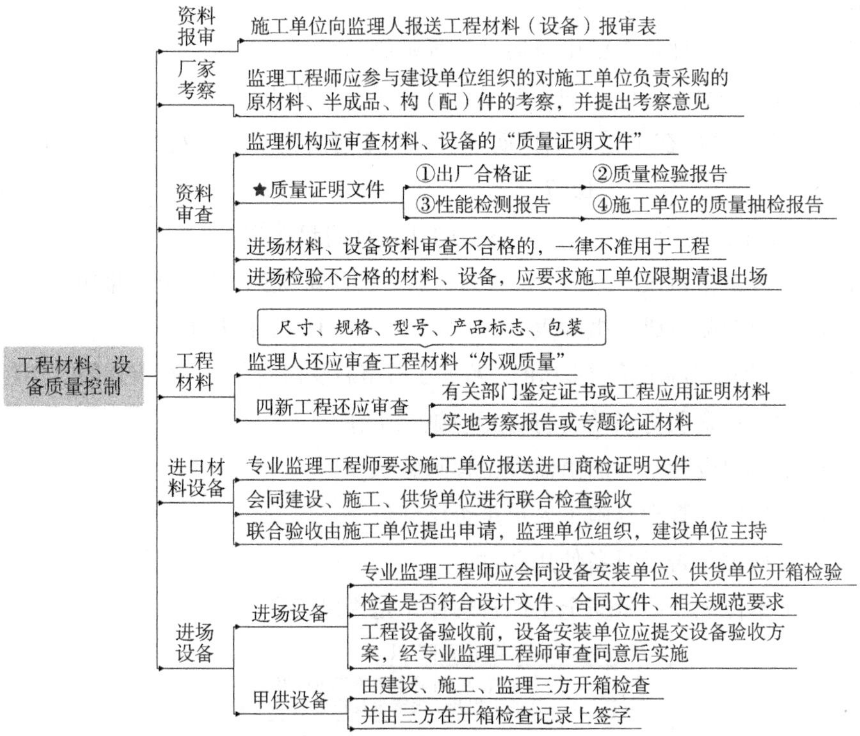

61. 用于工程的由（　　）采购的主要设备应经建设单位、施工单位、项目监理机构共同进行开箱检查。并经三方在开箱检查记录上签字，合格的方可使用。

A. 建设单位　　B. 施工单位　　C. 安装单位　　D. 代理商

62. 建设单位负责采购的主要设备进场后，应由（　　）三方共同进行开箱检查。

A. 建设单位、供货单位、施工单位

B. 供货单位、施工单位、项目监理机构

C. 建设单位、施工单位、项目监理机构

D. 供货单位、设计单位、施工单位

63. 专业监理工程师应会同相关单位及人员对合同约定的进场设备进行开箱检查，检查其是否符合（　　）的要求。

A. 建设单位　　B. 设计文件　　C. 订货合同　　D. 安装单位

E. 相关规范

64. 设备检查验收前，设备安装单位要提交设备检查验收方案，经（　　）审查同意后实施。

A. 监理工程师　　B. 建设单位　　C. 设计单位　　D. 供货单位

65. 总监理工程师组织专业监理工程师审查施工单位报送的工程开工报审表及相关资料时，不属于审查内容的是（　　）。

A. 设计交底和图纸会审是否已完成

B. 施工许可证是否已办理

C. 施工组织设计是否已由总监理工程师签认

D. 进场道路及水、电、通信等是否已满足开工要求

66. 总监理工程师应在工程开工日期（　　）d 前向施工单位发出工程开工令。

A. 5　　B. 7　　C. 12　　D. 14

67. 工程施工工期应自（　　）中载明的开工日期起计算。

A. 工程开工报审表　　B. 施工组织设计报审表

C. 施工控制测量成果报验表　　D. 工程开工令

68. 项目监理机构对施工单位报送的工程开工报审表及相关资料进行审查的内容有（　　）。

A. 施工单位资质等级是否符合相应施工工作

B. 施工组织设计是否已由监理工程师签认

C. 施工单位的管理及施工人员是否已到位

D. 施工机械是否已具备使用条件

E. 施工单位现场质量安全生产管理体系是否已建立

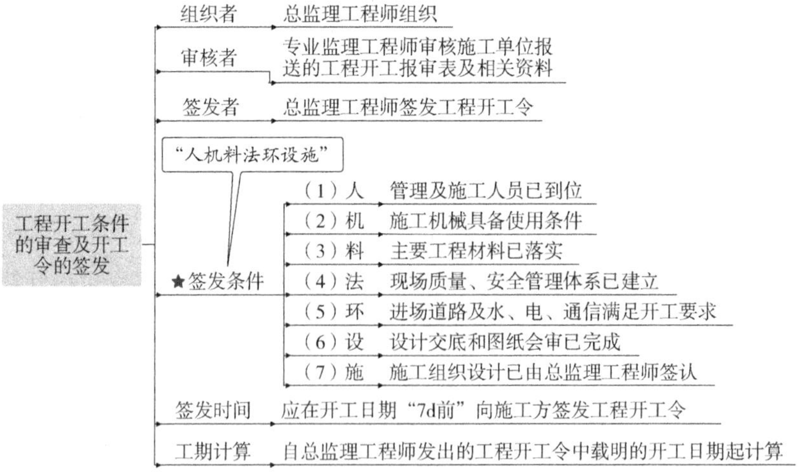

第三节 施工过程质量控制

真题实战

69. 下述工作中，属于施工过程质量控制的是（　　）。

A. 设计交底和图纸会审　　B. 施工生产要素配置审查

C. 作业技术交底　　D. 工程质量评定

70. 质量控制系统运行中，监理工作的主要手段有（　　）。

A. 编制监理规划和监理实施细则　　B. 签发监理指令

C. 组织召开设计交底会议　　D. 旁站与巡视

E. 平行检验与见证取样

考点：施工过程质量控制——监理手段

解析：监理工作的主要手段包括（口诀）：“旁站巡视平行检，见证取样和送检，开停复工变更令，外加监理通知单”。

71. 根据现行国家标准《建设工程监理规范》GB/T 50319，项目监理机构针对工程施工质量进行巡视的内容有（　　）。

A. 按设计文件、工程建设标准施工的情况

B. 工程施工质量专题会议召开情况

C. 使用工程材料、构（配）件的合格情况

D. 特种作业人员持证上岗情况

E. 施工现场管理人员到位情况

72. 项目监理机构实施平行检验的项目、数量、频率和费用应按（　　）执行。

A. 相关法规　　B. 质量检测管理办法

C. 合同约定　　D. 施工方案

解析：平行检验的项目、数量、频率和费用等应符合建设工程监理合同的约定。

73. 项目监理机构安排监理人员对工程施工进行巡视的主要内容有（　　）。

A. 是否按工程设计文件、工程建设标准和审批的施工方案施工

B. 使用的工程材料、构（配）件和设备是否合格

C. 实际费用支出是否与资金使用计划一致

D. 施工现场质量管理人员是否到位

E. 特种作业人员是否持证上岗

导图解析：

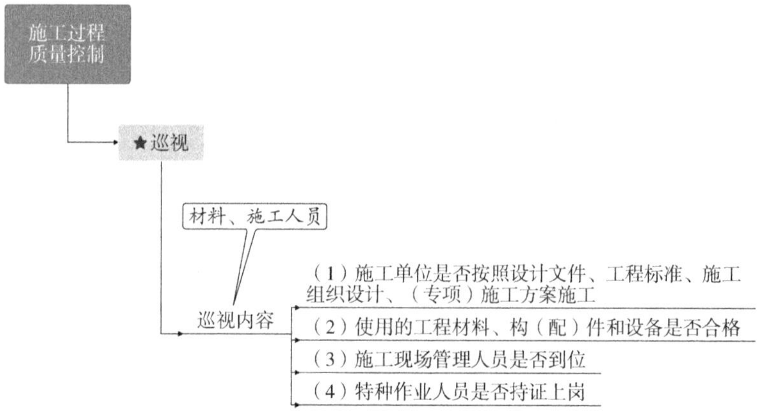

74. 特种作业人员不包括（　　）。

A. 建筑电工　　B. 建筑架子工

C. 建筑起重机械司机　　D. 抹灰工

导图解析：

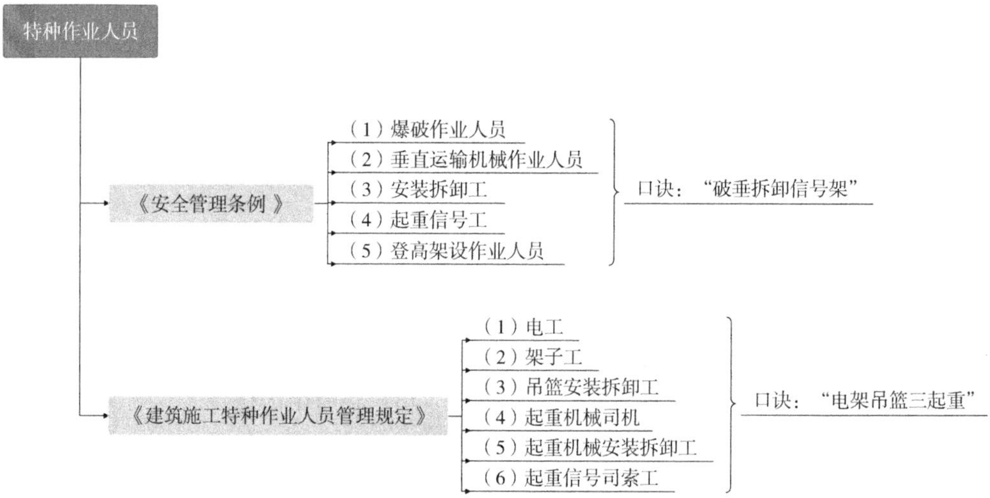

75. 根据现行国家标准《建设工程监理规范》GB/T 50319，项目监理机构应根据工程特点和（　　），确定旁站的关键部位和关键工序。

A. 监理规划　　B. 监理细则

C. 施工单位报送的施工组织设计　　D. 监理合同

导图解析：

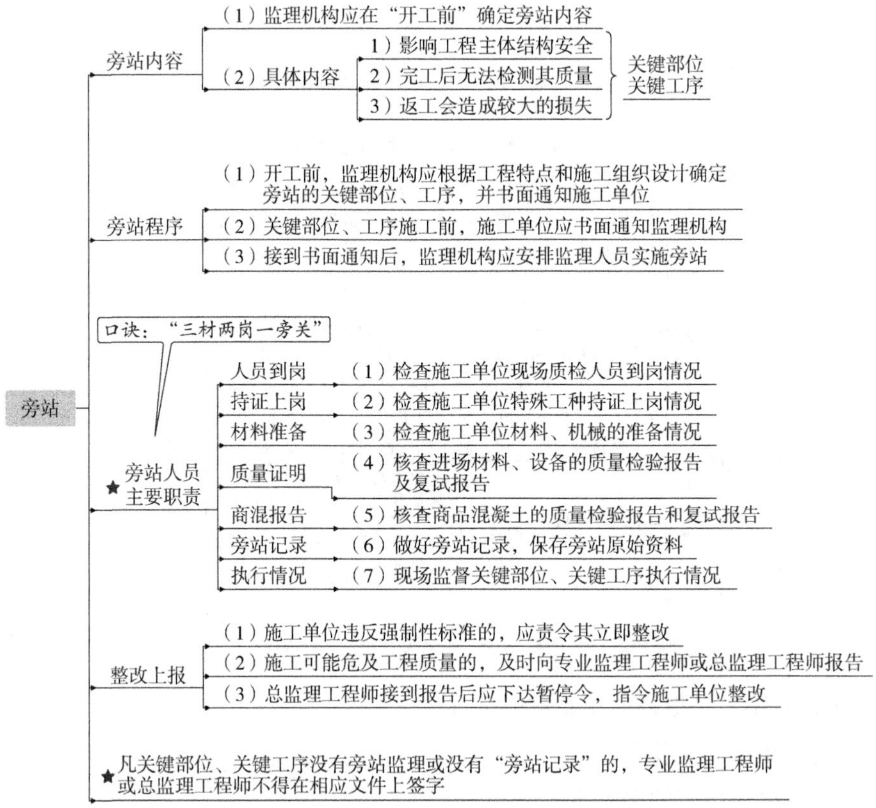

76. 项目监理机构对工程的关键部位或关键工序的施工质量进行的监督活动标入（　　）。

A. 巡视　　B. 旁站

C. 见证　　D. 检验

77. 项目监理机构对关键部位的施工质量进行旁站时，主要职责有（　　）。

A. 检查施工单位现场质检人员到岗情况

B. 现场监督关键部位的施工方案执行情况

C. 现场监督关键部位的工程建设强制性标准执行情况

D. 现场监督施工单位技术交底

E. 核查进场材料采购管理制度

78. 监理工程师应根据（　　）对施工质量进行平行检验。

A. 监理合同　　B. 承包合同

C. 专业要求　　D. 工程特点

E. 工程规模

79. 对承包单位提出的见证取样送检的实验室，监理工程师应（　　）。

A. 提出担保要求　　B. 进行实地考察

C. 提供试验计划　　D. 规定试验设备

导图解析：

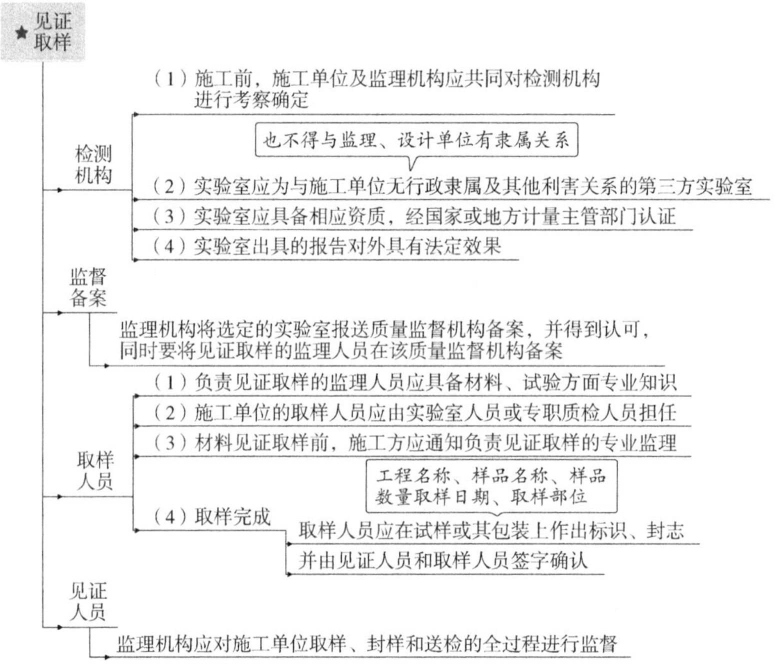

80. 施工过程中见证取样的实验室应是（　　）。

A. 施工单位的实验室

B. 建设单位指定的实验室

C. 监理单位指定的实验室

D. 与承包单位没有隶属关系的第三方实验室

81. 施工过程中，材料的检验需要见证取样的，见证由（　　）负责。

A. 业主代表　　B. 政府质量监督员

C. 监理工程师　　D. 施工项目经理

82. 见证取样过程中，施工单位从事取样的人员一般是（　　）。

A. 实验室负责人　　B. 专职质检员

C. 专业监理工程师　　D. 实验室人员

E. 业主代表

83. 下列关于见证取样及相关人员的说法中，正确的是（　　）。

A. 现场取样应依据经过批准的施工组织设计进行

B. 负责取样的施工人员和负责见证取样的监理人员应在质量监督机构备案

C. 取样完成后，负责见证取样的监理人员应将试样封装，并进行标识，封志和签字

D. 见证取样人员应具有材料、试验等方面的专业知识，并经培训考核合格

考点：施工过程质量控制的——见证取样

解析：选项 A 错误；根据现行国家标准《建筑工程施工质量验收统一标准》GB 50300 对涉及结构安全、节能、环境保护和主要使用功能的试块、试件及材料，应在进场时或施工中按规定进行见证检验。所以见证取样应依据的是相关标准。

选项 B 错误；监理机构要将选定的“实验室”和“见证人员”报质量监督机构备案，而非负责取样的施工人员。

选项 C 错误；应由送检人员将试样封装，并进行标识、封志和签字，监理人员仅“见证”整个取样、封样和送检全过程。

84. 对涉及工程设计文件修改的工程变更，应由（　　）转交原设计单位修改工程设计文件。

A. 项目监理机构　　B. 施工单位技术负责人

C. 施工单位项目负责人　　D. 建设单位

85. 施工承包单位要求变更或修改设计图的某些内容时，按现行规范的规定，应该向项目监理机构提交（　　）请求批准。

A. 设计变更单　　B. 技术修改单

C. 工程变更单　　D. 技术核定单

86. 对施工单位提出的工程变更，总监理工程师应履行的职责有（　　）。

A. 组织专业监理工程师审查变更申请并提出审查意见

B. 提交原设计单位修改工程设计文件

C. 组织专业监理工程师对变更费用及工期影响做出评估

D. 组织相关单位共同协商变更费用及工期变化

E. 组织会签工程变更单

87. 施工单位提出的工程变更，经各方同意签字后，由（　　）组织实施。

A. 项目经理　　B. 业主代表

C. 专业监理工程师　　D. 总监理工程师

导图解析：

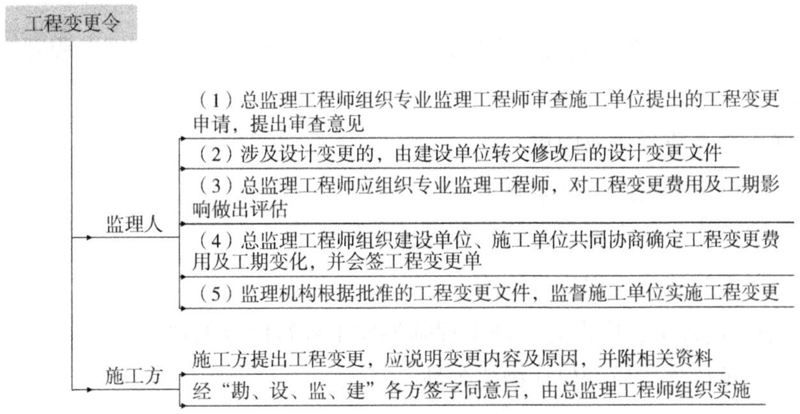

导图解析：

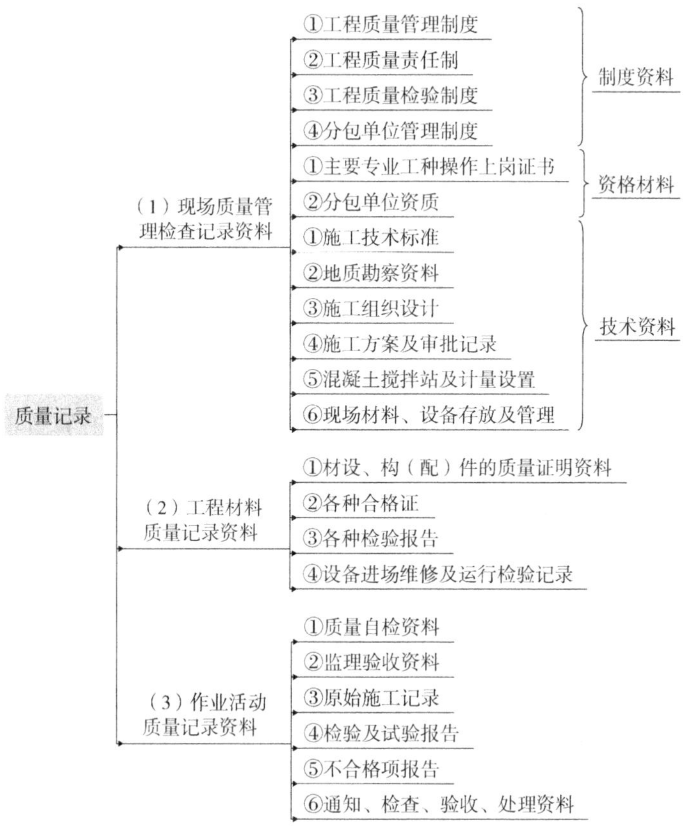

98. 按照设计和规范要求进行验槽时，下列说法中错误的是（　　）。

A. 验槽时，应具备岩土工程勘察报告、轻型动力触探记录、地基基础设计文件、地基处理或深基础施工质量检测报告

B. 验槽应在基坑或基槽开挖至设计标高后进行

C. 对留置保护土层时其厚度不应超过 100mm；槽底应为无扰动的原状土

D. 主要采用的验槽方法是轻型动力触探法

99. 基坑验槽条件中，应具备（　　）资料方可进行验槽。

A. 岩土工程勘察报告

B. 轻型动力触探记录

C. 钎探记录

D. 地基基础设计文件

E. 地基处理或深基础施工质量检测报告

100. 基坑验槽时，对留置保护土层时其厚度不应超过（　　）mm 时，槽底应为无扰动的原状土。

A. 100　　B. 150　　C. 200　　D. 300

导图解析：

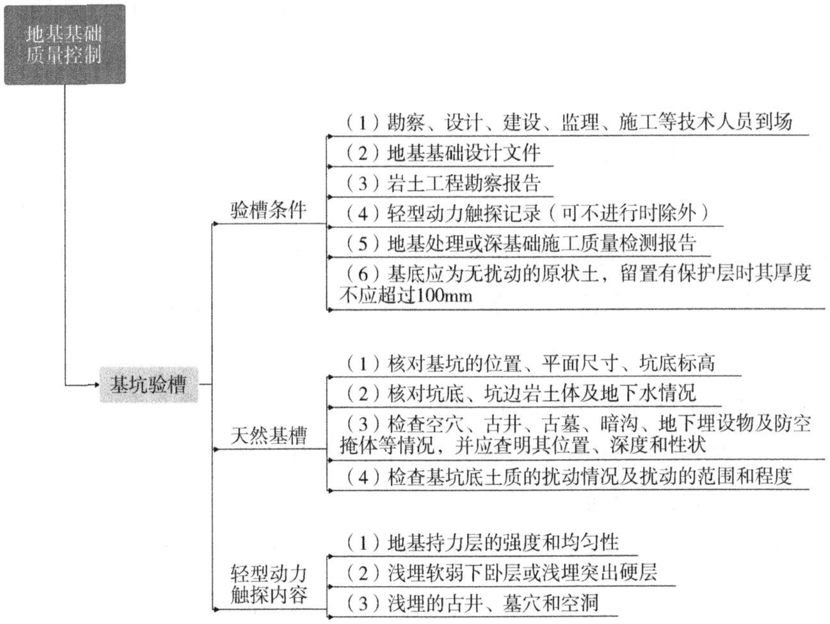

101. 采用轻型动力触探进行验槽时，下列说法中，正确的有（　　）。

A. 应检查持力层的强度及均匀性

B. 应检查浅埋的软弱下卧层

C. 应检查浅埋的突出硬层

D. 应检查可能影响基础稳定性和地基承载力的古井、墓穴、空洞

E. 基础持力层为均匀、密实砂层可不对其进行轻型动力触探

102. 下列关于箍筋弯钩的说法中，正确的有（　　）。

A. 箍筋末端应按设计要求做弯钩

B. 一般结构构件，箍筋弯折角度不应小于 90°

C. 有抗震设防要求的箍筋弯钩弯折角度不应小于 135°

D. 圆形箍筋两末端均应做不小于 135°的弯钩

E. 抗震设防烈度为 8 度以下的结构，箍筋末端可做 90°弯钩

导图解析：

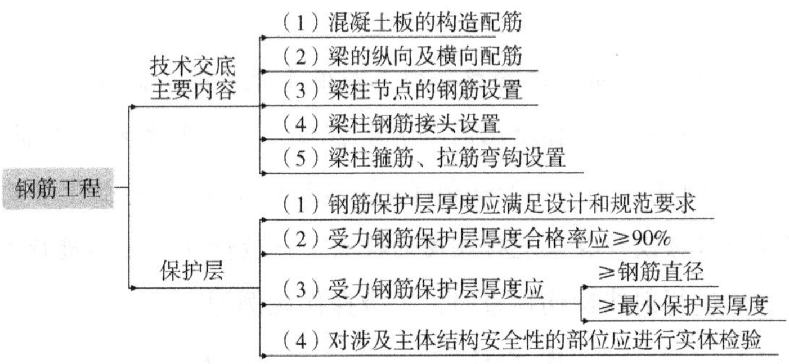

水泥浆，使新、旧混凝土良好结合。

选项 B 错误：对焊接连接接头试件的抽样，应从工程实体中截取。

选项 C 错误：箍筋的弯钩区分抗震地区和非抗震地区，非抗震地区做 90°弯钩，平直长度≥5d。抗震地区箍筋做 135°弯钩，平直长度≥10d 和 75mm。

118. 水泥体积安定性不合格会造成的质量缺陷是（　　）。

A. 混凝土蜂窝麻面　　B. 混凝土不密实

C. 混凝土碱骨料反应　　D. 混凝土爆裂

解析：水泥的体积安定性是指水泥在凝结硬化过程中的体积变化的均匀性。水泥硬化后产生不均匀的体积变化，即体积安定性不良，会使混凝土构件产生膨胀性裂缝，降低工程质量，甚至引起严重事故。导致这一问题的主因是石膏掺量过多——即水泥硬化后，石膏的体积还会继续膨胀 1.5 倍，导致水泥石胀裂。

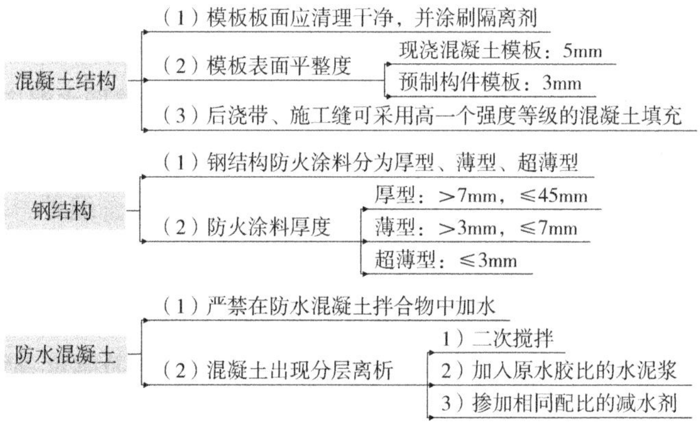

119. 下列根据《工程质量安全手册（试行）》关于混凝土分项工程施工的说法中，正确的是（　　）。

A. 泵送混凝土的坍落度小于 14cm 时，可以少量加水

B. 楼板后浇带的模板支撑体系应按规定单独设置

C. 混凝土应在终凝时间内浇筑完毕

D. 混凝土振捣棒每次插入振动的时间不少于 15s

解析：选项 A，严禁在混凝土中加水。

选项 B，楼板后浇带的模板支撑体系按规定单独设置。

选项 C，混凝土应分层浇筑，分层厚度应符合规范的规定，上层混凝土应在下层混凝土初凝之前浇筑完毕。

选项 D，混凝土每次插入振捣的时间为 20～30s，并以混凝土不再显著下沉，不出现气泡，开始泛浆时为准。

120. 项目监理机构对混凝土预制构件型式检验报告的审核内容有（　　）。

A. 运输路线　　B. 外观质量　　C. 尺寸偏差　　D. 卸车条件

E. 混凝土抗压强度

解析：预制构件型式检验报告，除工程概况、检测鉴定内容和依据外，重点审查各项检测指标与鉴定结论是否满足设计及规范要求，包括：①外观质量；②尺寸偏差；③钢筋保护层厚度；④混凝土抗压强度；⑤放射性核素限量。

121. 项目监理机构应对装配式建筑工程施工作业实施旁站的有（　　）。

A. 构件吊装施工　　B. 钢筋浆锚搭接灌浆作业

C. 预制构件的模板安装　　D. 预制构件装车运输

E. 预制构件的养护

考点：施工准备阶段质量控制——施工组织设计

解析：装配式混凝土结构施工过程中

（1）应当实施旁站的包括：

①构件吊装时，监理机构应对吊装施工进行旁站监理。

②PC 构件灌浆时，监理机构应对钢筋套筒灌浆连接、浆锚搭接灌浆作业实施旁站监理。

（2）应当审查和巡视检查的包括：

①审查：对装配式支撑方案进行审查。

②巡查：对支撑体系的搭设进行巡视检查。

122. 装配式混凝土结构连接部位浇筑混凝土之前应进行的工作是（　　）。

A. 施工方案论证　　B. 隐蔽工程验收

C. 施工工艺试验　　D. 平行检验

考点：装配式混凝土结构

解析：对于装配式混凝土结构连接部位及叠合构件浇筑混凝土之前，应进行隐蔽工程验收。

123. 房屋建筑内装修饰面材料的样板应经过（　　）和项目监理机构共同确认。

A. 设计单位　　B. 建设单位

C. 装修单位　　D. 施工总承包单位

考点：工程质量验收合格标准

解析：下列项目必须设立样板：

（1）材料、设备的型号、订货必须验收样板，并经建设单位和项目监理机构确认。

（2）现场成品、半成品加工前，必须先做样板，根据样板质量的标准进行后续大批量的加工和验收。

（3）结构施工时每道工序的第一板块，应作为样板，并经过项目监理机构、设计代表和施工项目部的三方验收后，方可大面积施工。

（4）在装修工程开始前，要先做出样板间，样板间应达到竣工验收的标准，并经建设单位、项目监理机构、设计代表和施工项目部四方验收合格后，方可正式施工。

第五节 危大工程安全管理

真题实战

124. 根据《危险性较大的分部分项工程安全管理规定》，针对超过一定规模的危险性较大的分部分项工程专项施工方案，负责组织召开专家论证会的单位是（　　）。

A. 建设单位　　B. 总承包单位

C. 监理单位　　D. 工程质量监督机构

解析：危大工程安全管理程序："一编二审三论证，四修五签六交底，七督八监九变更"。考生除了要熟练掌握上述九步程序外，还需区分两类"专家论证"的组织者：一类：超危工程，由总承包单位组织专家论证；二类：四新工程，由建设单位组织专家论证。

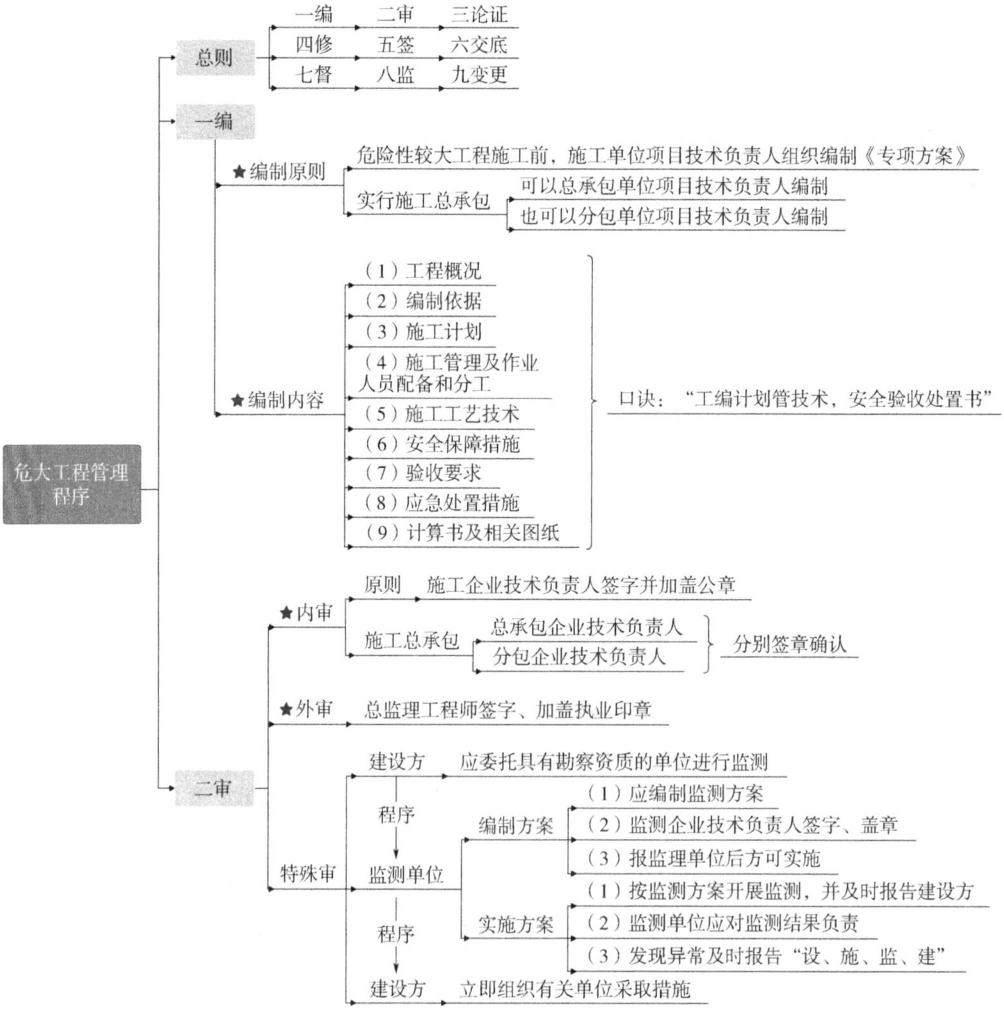

- 危大工程管理程序
  - 三论证
    - 组织：施工总承包单位
    - 参加
      - （1）建设单位：建设项目负责人
      - （2）勘设单位：勘察、设计单位项目技术负责人及相关人员
      - （3）监理单位：总监理工程师、相关专业监理工程师
      - （4）总分包人
        - 企业技术负责人（或授权人员）
        - 项目负责人　项目技术负责人
        - 专职安全员　专案编制人
      - （5）专家
        - 1）从设区的市级以上住建主管部门建立的专家库中抽取
        - 2）专家组人员不少于5人
        - 3）诚实守信、作风正派、学术严谨
        - 4）从事专业工作15年以上
        - 5）具有高级技术职称
        - 6）参建各方不得以专家身份参加专家论证会
    - 论证内容
      - 可行性：（1）方案内容是否完整、可行
      - 合规性：（2）方案计算书、验算依据、施工图是否合规
      - 实际性：（3）方案是否满足现场实际，能否确保安全施工
    - 论证结果
      - 报告：（1）专业监理工程师论证会后，形成论证报告
      - 意见：（2）针对方案提出通过或不通过的一致性意见
      - 签认：（3）专家对论证报告负责并签字确认
  - 修改
    - 原则：施工单位应
      - 严格按照专项方案组织施工
      - 不得擅自修改专项方案
    - 小修：论证通过的
      - 施工单位按专家意见修改完善
      - 报企业技术负责人和总监理工程师签字、盖章
      - （以上）方可实施
    - 大修：论证未通过
      - 重新编制专项方案
      - 重新报企业技术负责人签审、公章
      - 重新报总监理工程师签审、执业印章
      - 重新组织专家论证
  - 签章：专项方案修改完善，由
    - 分包企业技术负责人、总承包企业技术负责人：签字、公章
    - 总监理工程师：签字、执业印章
  - 两级交底
    - 管理交底：或项目技术负责人、或方案编制人 → 对现场管理人员安全交底
    - 作业交底：现场管理人员 → 向全体作业人员安全交底
    - 签字确认：（1）交底人、（2）被交底人、（3）专职安全员 → 签字确认
  - 监督
    - （1）施工单位应指定专人监督专项方案的实施情况
    - （2）发现不按专项方案实施的，要求立即整改
    - （3）发现有危及人身安全的，立即组织人员撤离
    - （4）企业技术负责人应定期巡查专项方案的实施情况

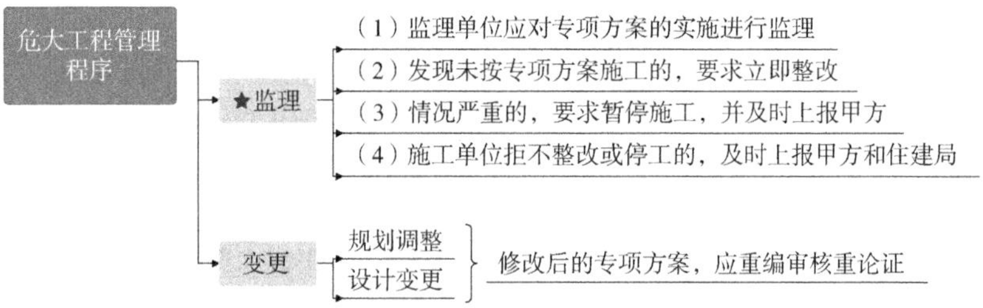

危大工程管理程序
★监理
（1）监理单位应对专项方案的实施进行监理
（2）发现未按专项方案施工的，要求立即整改
（3）情况严重的，要求暂停施工，并及时上报甲方
（4）施工单位拒不整改或停工的，及时上报甲方和住建局
变更
规划调整
设计变更
修改后的专项方案，应重编审核重论证

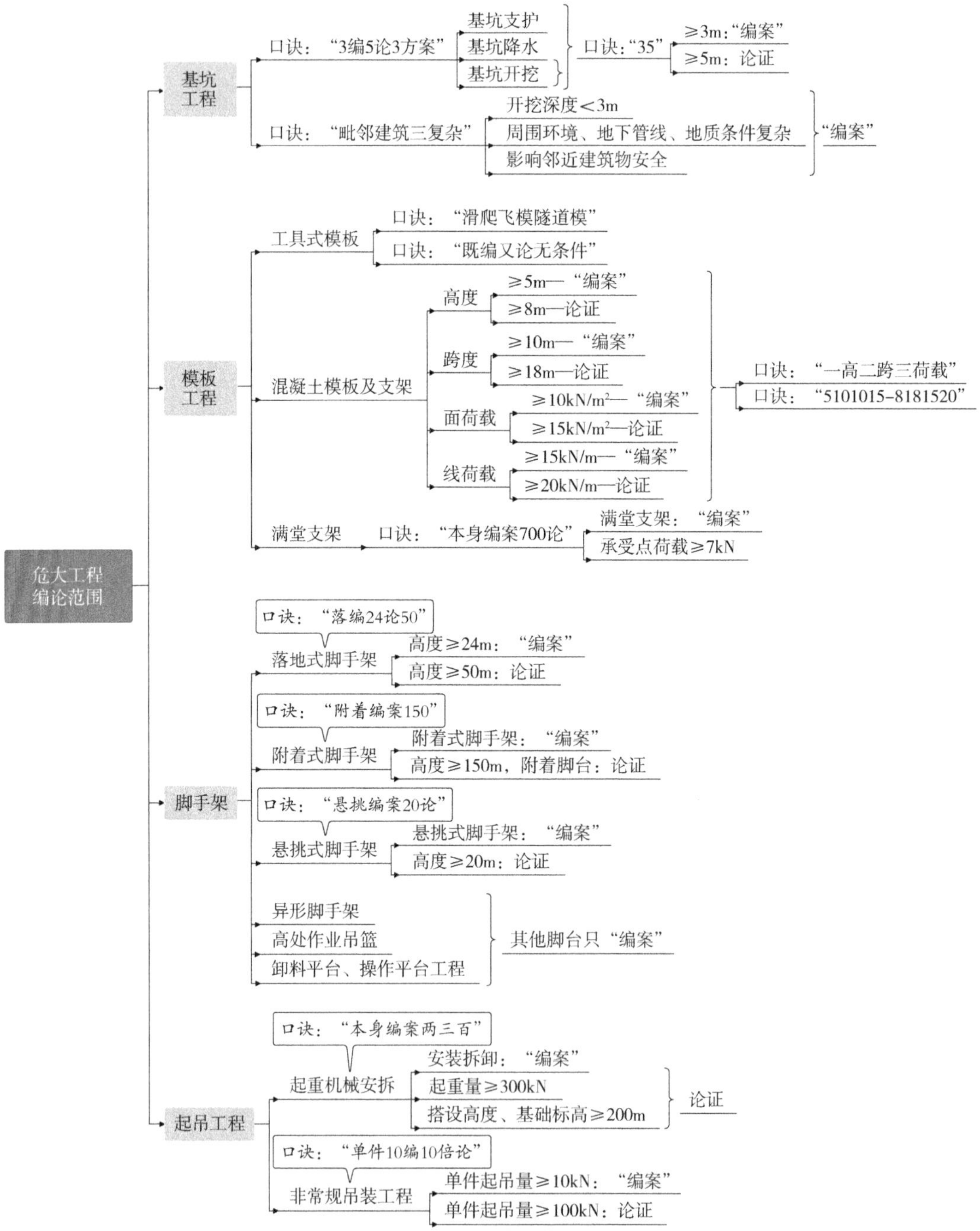

危大工程编论范围
基坑工程
口诀："3编5论3方案"
基坑支护
基坑降水
基坑开挖
口诀："35"
≥3m："编案"
≥5m：论证
口诀："毗邻建筑三复杂"
开挖深度＜3m
周围环境、地下管线、地质条件复杂
影响邻近建筑物安全
"编案"
模板工程
工具式模板
口诀："滑爬飞模隧道模"
口诀："既编又论无条件"
混凝土模板及支架
高度
≥5m—"编案"
≥8m—论证
跨度
≥10m—"编案"
≥18m—论证
面荷载
≥10kN/m²—"编案"
≥15kN/m²—论证
线荷载
≥15kN/m—"编案"
≥20kN/m—论证
口诀："一高二跨三荷载"
口诀："5101015-8181520"
满堂支架
口诀："本身编案700论"
满堂支架："编案"
承受点荷载≥7kN
脚手架
口诀："落编24论50"
落地式脚手架
高度≥24m："编案"
高度≥50m：论证
口诀："附着编案150"
附着式脚手架
附着式脚手架："编案"
高度≥150m，附着脚台：论证
口诀："悬挑编案20论"
悬挑式脚手架
悬挑式脚手架："编案"
高度≥20m：论证
异形脚手架
高处作业吊篮
卸料平台、操作平台工程
其他脚台只"编案"
起吊工程
口诀："本身编案两三百"
起重机械安拆
安装拆卸："编案"
起重量≥300kN
搭设高度、基础标高≥200m
论证
口诀："单件10编10倍论"
非常规吊装工程
单件起吊量≥10kN："编案"
单件起吊量≥100kN：论证

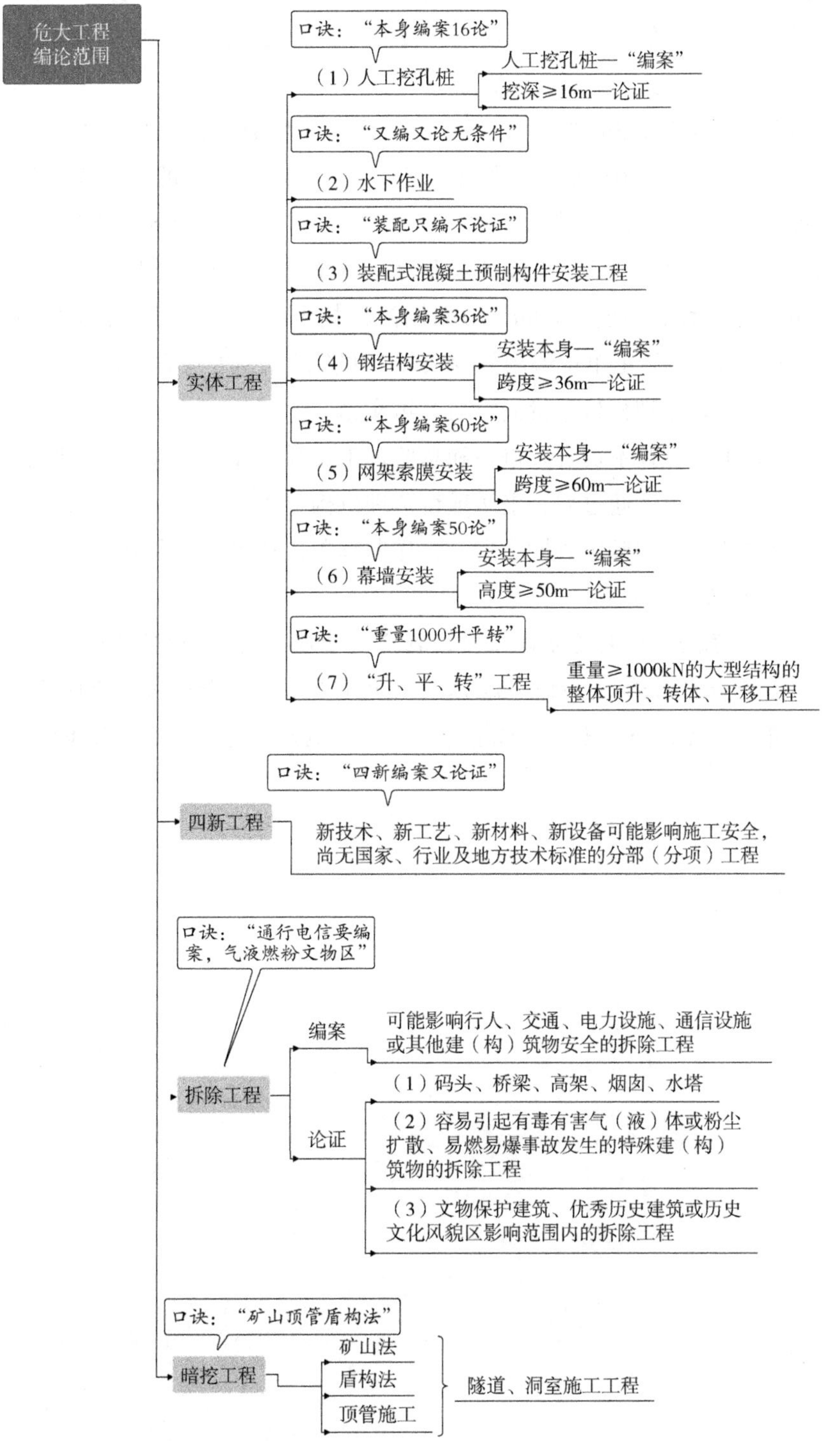

125. 根据《工程质量安全手册（试行）》，高处作业吊篮内作业人员不应超（　　）。

A. 1 人　　　　B. 2 人

C. 3 人　　　　D. 专项施工方案所确定的人数

解析：根据《工程质量安全手册（试行）》4.2.4，吊篮内作业人员不应超过2人。

126. 根据《危险性较大的分部分项工程安全管理规定》，施工单位应编制专项施工方案，并组织专家论证的是（　　）工程。

A. 开挖深度为4.5m的基坑　　B. 45m高的脚手架

C. 悬挂高度为100m的高处作业吊篮　　D. 20m高的悬挑脚手架

解析：对于超过一定规模的危大工程，施工单位应当组织召开专家论证会对专项施工方案进行论证。选项A、B、C属于危险性较大的分部（分项）工程范围。

127. 某混凝土工程总高度为80m，拟采用滑模技术施工，根据《危险性较大的分部分项工程安全管理规定》，施工单位编制的专项施工方案的正确处理方式是（　　）。

A. 报送项目监理机构审批同意后方可实施

B. 经施工单位技术负责人审核和总监理工程师审查后，组织专家论证

C. 组织专家论证通过后，报送项目监理机构审查

D. 经总监理工程师审查同意后，报送监理单位技术负责人审批

考点：危大工程管理程序

解析：根据《危险性较大的分部分项工程安全管理规定》，滑膜属于“超危工程”，施工单位应组织召开专家论证会，对专项施工方案进行论证。实行施工总承包的，由施工总承包单位组织召开专家论证会。专家论证前专项施工方案应当通过施工单位审核和总监理工程师审查。

第六章 工程质量验收及保修管理

知识框架

节	考点
工程质量验收	考点一、质量验收总述 考点二、检验批验收 考点三、分项工程验收 考点四、分部工程验收 考点五、单位工程竣工验收

工程质量验收

真题实战

1. 建筑工程施工验收统一标准中，要求施工现场质量管理应有（　　）。

A. 完善的检测手段

B. 相应的施工技术标准

C. 施工质量管理制度

D. 健全的质量管理体系

E. 综合施工质量水平评定考核制度

导图解析：

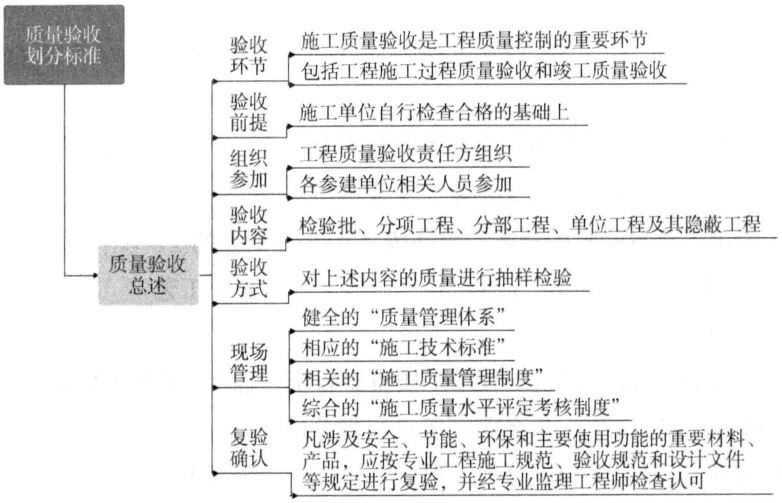

19. 地面工程检验批可按（　　）划分。

A. 散水　　B. 明沟　　C. 台阶　　D. 施工缝

E. 楼层

导图解析：

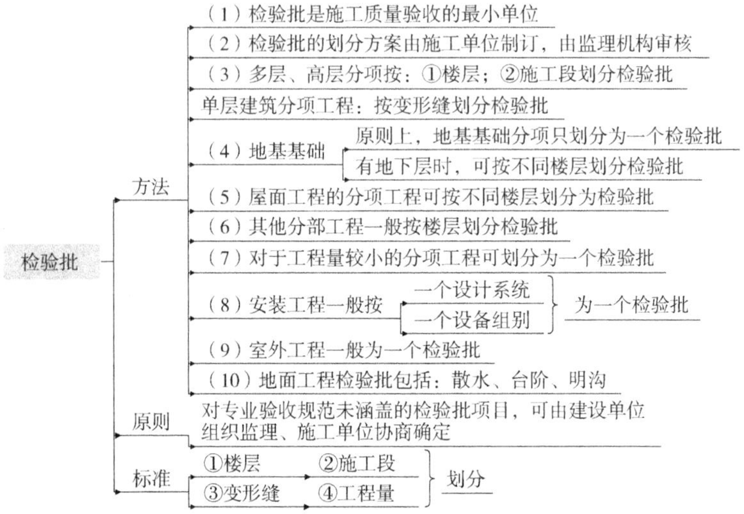

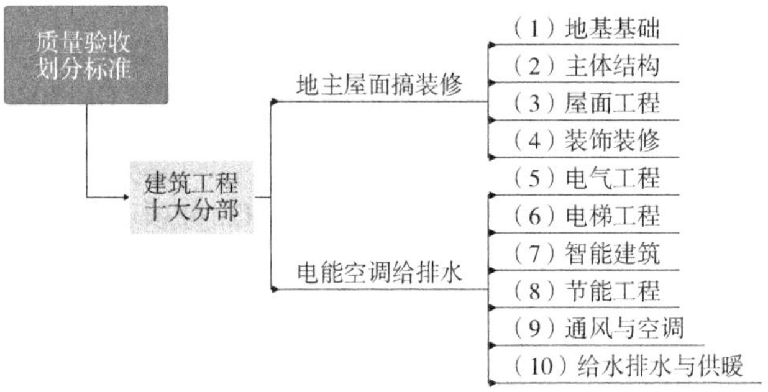

20. 施工所需原材料、半成品或构（配）件，经（　　）审查并确认其合格后方准进场使用。

A. 施工单位技术负责人　　B. 施工项目经理

C. 监理工程师　　D. 施工项目技术负责人

21. 根据《建设工程质量管理条例》，未经（　　）签字，建筑材料、建筑构（配）件不得在工程上使用或安装。

A. 建筑师　　B. 监理工程师

C. 建造师　　D. 建设单位项目负责人

解析：口诀："四未不得看条例，一未二未找专监，三未四未总监权"。

①未经监理工程师签字，材料、设备、构（配）件不得用于或安装于工程。

②未经监理工程师签字，施工单位不得进行下一道工序的施工。

③未经总监理工程师签字，建设单位不拨付工程款。

④未经总监理工程师签字，建设单位不进行竣工验收。

22. 根据现行国家标准《建筑工程施工质量验收统一标准》GB 50300，符合专业验收规范规定适当调整试验数量的实施方案，需报（　　）审核确认。

A. 建设单位　　B. 施工单位　　C. 项目监理机构　　D. 设计单位

23. 工程施工过程中，同一项目重复利用同一抽样对象已有检验成果的实施方案时，应事先报（　　）认可。

A. 建设单位　　B. 设计单位

C. 施工单位　　D. 项目监理机构

24. 根据现行国家标准《建筑工程施工质量验收统一标准》GB 50300，验收规范对工程验收项目未作出相应规定的，应由（　　）组织相关单位制订专项验收要求。

A. 建设单位　　B. 监理单位　　C. 施工单位　　D. 设计单位

25. 根据现行国家标准《建筑工程施工质量验收统一标准》GB 50300，涉及安全、节能、环境保护等项目的专项验收要求，应由（　　）组织专家论证。

A. 建设单位　　B. 监理单位　　C. 设计单位　　D. 施工单位

导图解析：

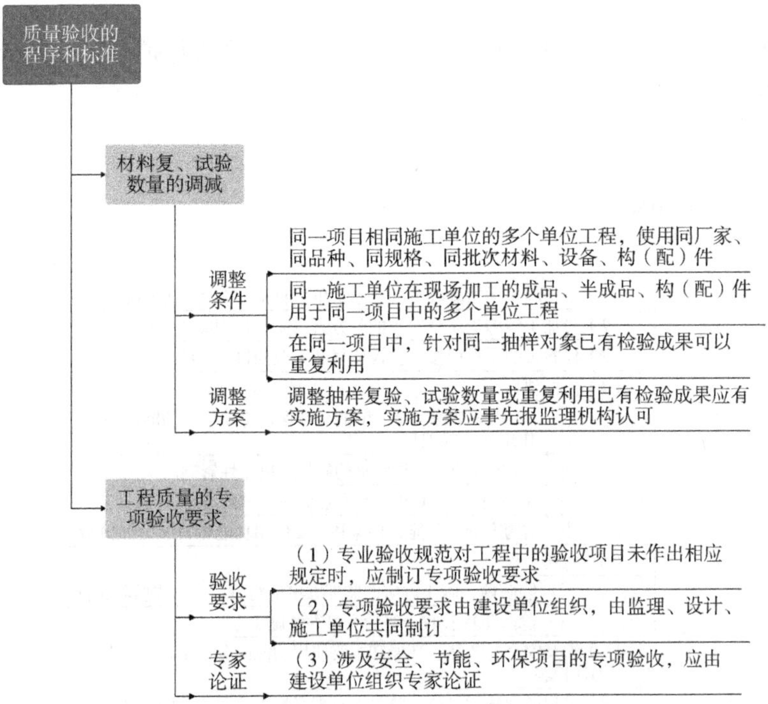

26. 监理工程师进行隐蔽工程质量验收的前提是（　　），并对施工单位的报验申请表及相关资料进行审查。

A. 施工单位已经自检　　B. 施工分包单位已经自检并合格

C. 施工单位已经自检并合格　　D. 施工单位与施工分包单位已经共同检验

27. 监理工程师对施工质量的检查与验收，必须是在承包单位（　　）的基础上进行。

A. 班组自检和互检　　B. 自检和专检

C. 自检并确认合格　　D. 班组自检合格

28. 下列关于项目监理机构对检验批验收的说法中，正确的是（　　）。

A. 检验批施工完成后就可以验收

B. 检验批应在隐蔽工程隐蔽后验收

C. 检验批应在分项工程验收后验收

D. 检验批在施工单位自检合格并报验后可以验收

解析：根据现行国家标准《建设工程监理规范》GB/T 50319 5.2.14，项目监理机构应对施工单位报验的隐蔽工程、检验批、分项工程和分部工程进行验收，对验收合格的应给予签认；对验收不合格的应拒绝签认，同时应要求施工单位在指定的时间内整改并重新报验。

29. 建筑工程检验批质量验收中的主控项目是指对（　　）起决定性作用的检验项目。

A. 节能　　B. 安全　　C. 环境保护　　D. 质量评价

E. 主要使用功能

30. 在工程质量验收时，检验批的验收项目中，主控项目是指对（　　）起决定性作用的检验项目。

A. 使用价值　　B. 工程安全　　C. 环境保护　　D. 公共利益

E. 质量评价

导图解析：

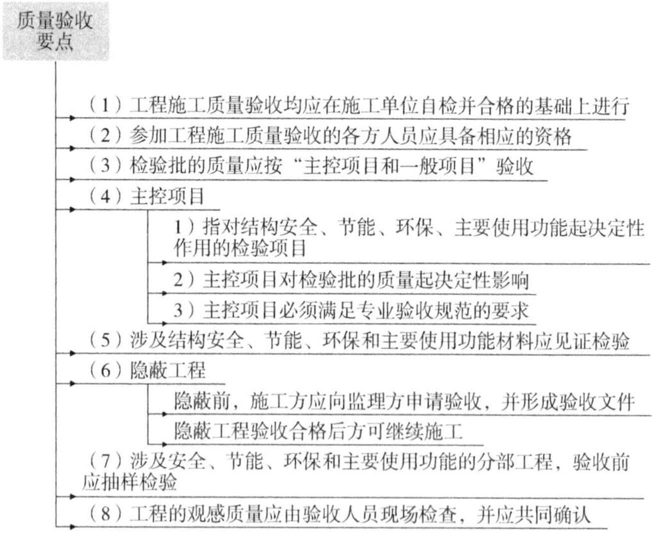

31. 施工过程中，检验批的验收应由（　　）组织。

A. 项目技术负责人　　B. 建设单位现场代表

C. 项目经理　　D. 专业监理工程师

32. 根据现行国家标准《建筑工程施工质量验收统一标准》GB 50300，属于检验批质量验收合格条件的有（　　）。

A. 主控项目的质量经抽样检验合格　　B. 一般项目的质量经抽样检验合格

C. 具有完整的质量验收记录　　D. 具有完整的施工操作依据

E. 观感质量应符合要求

33. 根据现行国家标准《建筑工程施工质量验收统一标准》GB 50300，工程施工检验批质量验收工作的内容包括（　　）。

A. 检验批的划分　　B. 资料检查

C. 主控项目和一般项目检验　　D. 抽样方案设计并实施

E. 质量验收记录

34. 建筑工程施工质量验收中，检验批质量验收的内容包括（　　）检查。

A. 质量资料　　B. 允许偏差项目

C. 主控项目　　D. 观感质量

E. 一般项目

35. 根据现行国家标准《建筑工程施工质量验收统一标准》GB 50300，对于采用计数抽样的检验批一般项目的验收，合格点率应符合（　　）的规定。

A. 质量验收统一标准　　B. 工程技术规程

C. 建设工程监理规范　　D. 专业验收规范

36. 对检验批基本质量起决定性作用的主控项目，必须全部符合有关（　　）的规定。

A. 检验技术规程　　B. 专业工程验收规范

C. 统一验收标准　　D. 工程监理规范

37. 检验批质量验收时，主控项目必须全部符合有关（　　）的规定。

A. 工程监理规范　　B. 工程技术规程

C. 专业验收规范　　D. 质量验收统一标准

38. 工程施工过程中，采用计数抽样检验时，检验批容量为 20 的最小抽样数量是（　　）。

A. 2　　B. 3　　C. 5　　D. 8

解析：详见下表。

检验批最小抽样数量

检验批的容量	最小抽样数量	检验批的容量	最小抽样数量
2～15	2	151～280	13
16～25	3	281～500	20
26～90	5	501～1200	32
91～150	8	1201～3200	50

C. 施工单位技术、质量部门负责人　　D. 质量监督部门负责人

E. 材料供应单位负责人

49. 主体结构、节能分部工程的验收，应由总监理工程师组织（　　）进行。

A. 质量监督部门负责人　　B. 施工单位项目技术负责人

C. 设计单位项目负责人　　D. 施工单位项目负责人

E. 施工单位质量部门负责人

50. 总监理工程师组织主体结构分部工程验收时，应参加验收的人员有（　　）。

A. 设计单位项目负责人　　B. 勘察单位项目负责人

C. 施工单位技术质量部门负责人　　D. 施工单位项目负责人

E. 建设单位项目负责人

解析：根据现行国家标准《建筑工程施工质量验收统一标准》GB 50300 6.0.3，分部工程应由总监理工程师组织施工单位项目负责人和项目技术负责人等进行验收。

勘察、设计单位项目负责人和施工单位技术、质量部门负责人应参加地基与基础分部工程的验收。

设计单位项目负责人和施工单位技术、质量部门负责人应参加主体结构、节能分部工程的验收。

51. 工程施工过程中，智能建筑分部工程质量验收应由（　　）组织。

A. 建设单位项目负责人　　B. 总监理工程师

C. 施工单位项目负责人　　D. 专业监理工程师

52. 验收建筑工程地基与基础分部工程质量时，（　　）参加。

A. 施工单位项目负责人　　B. 设计单位项目负责人

C. 总监理工程师　　D. 勘察单位项目负责人

E. 建设单位项目负责人

解析：这种比较含混的题目要慎重选择。尽管我们都知道组织者同时也是参加者，但考试的时候必须防范出题人“死抠”规范原文，导致“多答失分”的风险。

53. 根据现行国家标准《建筑工程施工质量验收统一标准》GB 50300，分部工程质量验收合格的标准有（　　）。

A. 主控项目的质量均应验收合格　　B. 所含主要分项工程的质量验收合格

C. 有关环境保护抽验检验结果符合规定　　D. 观感质量应符合要求

E. 质量控制资料应完整

解析：选项B属于高频易错点，应该是“所含分项工程质量验收均合格”，而不是主要分项工程验收合格。

54. 分部工程观感质量的验收，由各方验收人员根据主观印象判断，按（　　）给出综合质量评价。

A. 合格、基本合格、不合格　　B. 基本合格、合格、良好

C. 优、良、中、差　　　　D. 好、一般、差

55. 在分部工程质量验收时，对于观感质量评价结论为“差”的（　　），应通过返修处理进行补救。

A. 检验批　　B. 分项工程　　C. 检查点　　D. 控制点

导图解析：

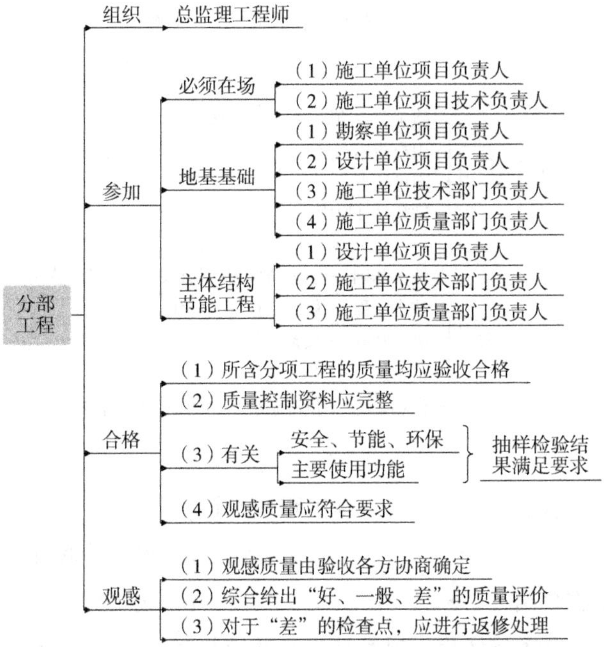

56. 根据现行国家标准《建设工程监理规范》GB/T 50319，工程竣工预验收合格后，项目监理机构应编写（　　）报建设单位。

A. 工程质量确认报告　　B. 工程质量评估报告

C. 工程质量验收方案　　D. 工程质量验收证书

57. 工程竣工预验收合格后，项目监理机构应向建设单位提交（　　）。

A. 工程预验收合格报告　　B. 工程竣工报告

C. 工程竣工验收报告　　D. 工程质量评估报告

58. 工程项目竣工验收时，需提出工程质量评估报告，该报告应由（　　）提出。

A. 建设单位　　B. 施工单位

C. 质量监督站　　D. 项目监理机构

59. 下列关于建设工程质量保修的说法中，正确的有（　　）。

A. 房屋建筑工程保修期从工程竣工验收合格之日起计算

B. 施工单位接到保修通知后，在工程质量保修书约定的时间内予以保修

C. 保修费用由施工单位承担

D. 屋面防水工程最低保修期限为 5 年

E. 工程质量缺陷造成使用人财产损失，由施工单位承担款项

考点： 工程质量保修——保修责任

导图解析：

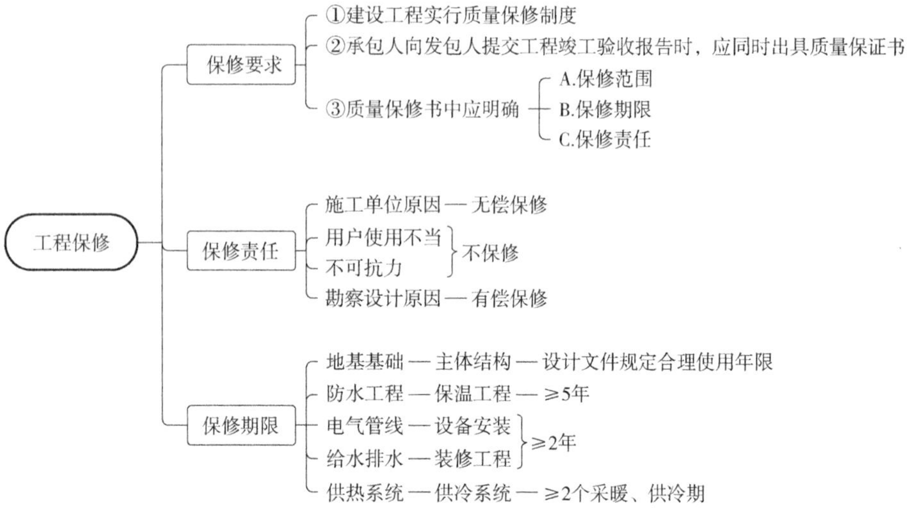

60. 项目监理机构应在（　　）后编制工程质量评估报告。

A. 单位工程完工　　B. 竣工验收交付使用

C. 竣工预验收合格　　D. 竣工验收

解析： 工程竣工预验收合格后，项目监理机构应编写工程质量评估报告，并应经总监理工程师和工程监理单位技术负责人审核签字后报建设单位。

61. 根据《建设工程监理规范》，工程竣工预验收应由（　　）组织实施。

A. 建设单位项目负责人　　B. 总监理工程师

C. 总监理工程师代表　　D. 施工单位项目经理

考点： 施工过程质量验收程序

解析： 项目监理机构应审查施工单位提交的单位工程竣工验收报审表及竣工资料，组织工程竣工预验收。存在问题的，应要求施工单位及时整改；合格的，总监理工程师应签认单位工程竣工验收报审表。

62. 工程质量评估报告是工程验收中的重要资料，应由（　　）签署。

A. 总监理工程师和监理单位技术负责人

B. 建设单位项目负责人和监理单位负责人

C. 总监理工程师和质监站监督员

D. 建设单位项目负责人和总监理工程师

导图解析：

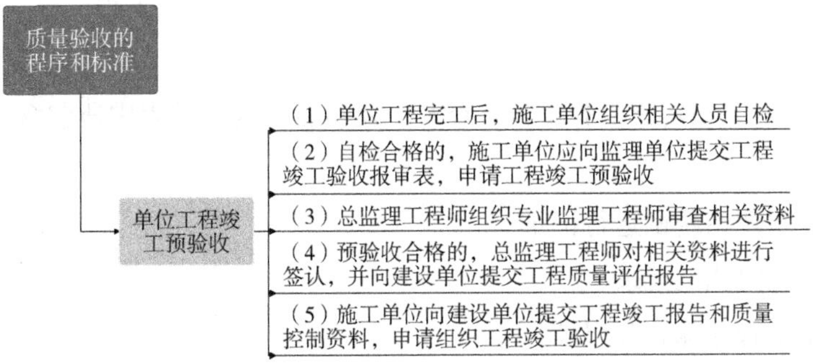

63. 根据现行国家标准《建设工程监理规范》GB/T 50319，单位工程完工后，工程竣工验收应由（　　）组织相关人员进行。

A. 总监理工程师　　B. 建设单位项目负责人

C. 总监理工程师代表　　D. 施工单位项目负责人

64. 工程具备竣工验收条件后，（　　）应及时组织相关单位进行工程验收。

A. 监理单位　　B. 建设单位

C. 质量监督机构　　D. 施工单位

65. 建设单位项目负责人组织单位工程或子单位工程正式竣工验收，参加验收的单位有（　　）。

A. 施工单位　　B. 设计单位　　C. 监理单位　　D. 劳务单位

E. 供货单位

66. 在工程质量验收各层次中，总监理工程师可以组织或参与（　　）的验收。

A. 检验批　　B. 分项工程　　C. 分部工程　　D. 单位工程

E. 子单位工程

67. 单位工程质量验收合格的条件除所含各分部工程质量验收合格之外，还包括（　　）。

A. 质量控制资料完整

B. 所含分部工程有关安全和功能的检验资料完整

C. 主要功能项目的抽检结果符合相关专业质量验收规范的规定

D. 施工操作依据、检查记录完整

E. 观感质量验收符合要求

68. 单位工程的观感质量应由验收人员进行现场检查，最后由（　　）确认。

A. 总监理工程师　　B. 建设单位代表

C. 设计单位代表　　D. 各单位验收人员共同

69. 按《建筑工程施工质量验收统一标准》（GB 50300—2013）规定，下列验收层次中包括有观感质量验收项目的有（　　）。

A. 检验批
B. 分项工程
C. 分部工程
D. 子单位工程
E. 单位工程

70. 单位工程安全和功能检验资料核查及主要功能抽查记录表中所包含的安全和功能检查项目有（　　）。

A. 通风空调系统试运行记录
B. 绝缘电阻测试记录
C. 排水干管通球试验记录
D. 各结构层梁、板、柱静载荷试验报告
E. 建筑物沉降观测记录

考点：质量验收——单位工程竣工验收

解析：本题的题眼在于“安全和功能检验资料核查”。显然选项 A、B、C 与使用功能有关，选项 E 体现在“安全”方面。选项 D 错在只有“桩基工程”才需要做静载荷试验。

71. 单位（子单位）工程质量竣工验收时，各项验收记录中的验收结论应由（　　）填写。

A. 监理单位
B. 建设单位
C. 施工单位
D. 质量监督站

72. 单位（子单位）工程质量控制资料核查记录中的结论，应由（　　）共同签认。

A. 项目经理、质监站监督员
B. 项目经理、总监理工程师
C. 建设、设计、监理、施工单位
D. 建设单位项目负责人、总监理工程师

73. 在单位工程或子单位工程质量验收时，应对其是否符合设计和规范要求及总体质量水平做出评价，其综合验收结论由参加验收的（　　）共同商定。

A. 建设单位
B. 设计单位
C. 监理单位
D. 工程质量监督机构
E. 施工单位

74. 单位工程质量竣工验收记录中，综合验收结论由参加验收单位共同商定后，由（　　）填写，并对总体质量水平做出评价。

A. 监理单位
B. 建设单位
C. 设计单位
D. 施工单位

75. 根据现行国家标准《建筑工程施工质量验收统一标准》GB 50300，单位工程质量竣工验收记录表中的综合验收结论由（　　）填写。

A. 建设单位
B. 监理单位
C. 施工单位
D. 设计单位

导图解析：

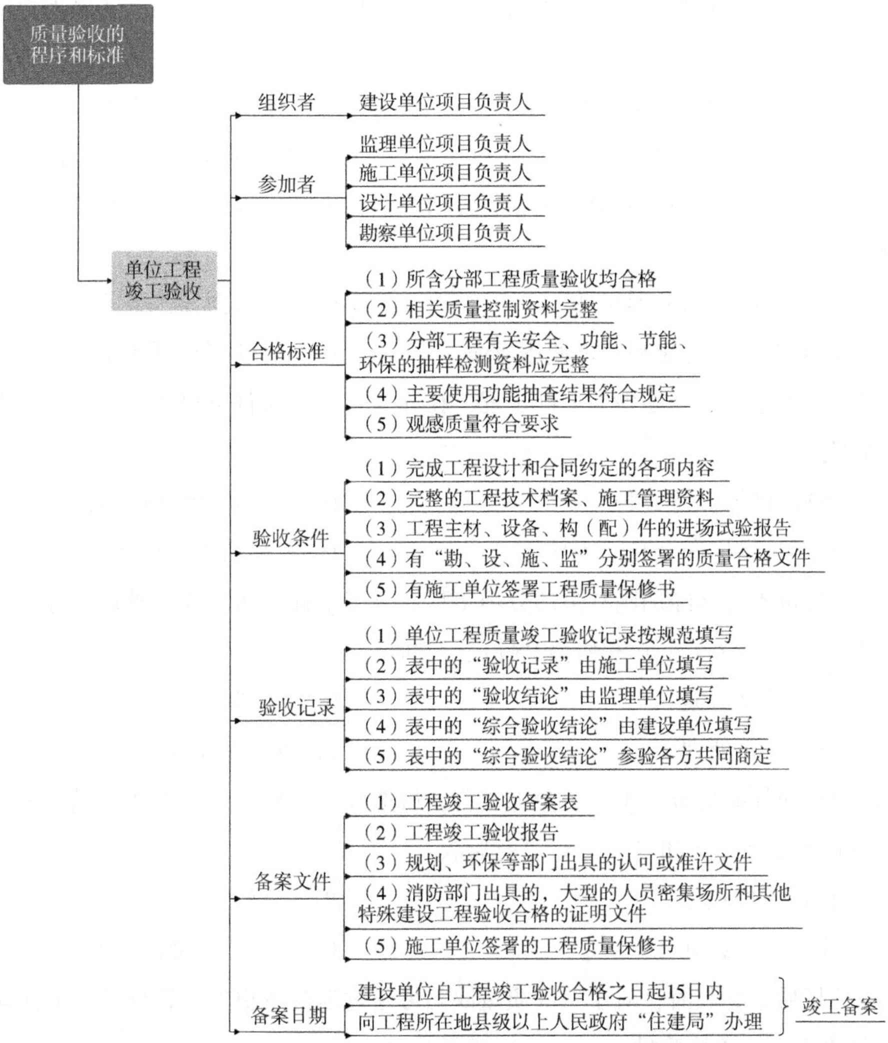

76. 对施工质量验收时不符合要求的检验批，经有资质的检测机构检测鉴定能够达到设计要求的，该检验批应（　　）。

A. 重新进行验收　　　　B. 在设计单位到场后验收

C. 协商验收　　　　D. 予以验收

77. 根据《建筑施工特种作业人员管理规定》，必须持证上岗的工种是（　　）。

A. 混凝土工　　　　B. 木工

C. 建筑架子工　　　　D. 在吊篮上作业的抹灰工

解析：根据《建筑施工特种作业人员管理规定》，对于建筑电工、建筑架子工、建筑起重信号司索工、建筑起重机械司机、建筑起重机械安装拆卸工、高处作业吊篮安装拆卸工、焊接切割操作工以及经省级以上人民政府建设主管部门认定的其他特种作业人员，必须持施工特种作业人员操作证上岗。

78. 工程施工质量验收时，经加固处理的分部工程，根据技术处理方案要求予以验收的前提是（　　）。

A. 不影响安全和使用功能　　B. 不造成永久性影响

C. 不改变结构外形尺寸　　D. 不影响基本使用功能

79. 对于经过返修或加固的分部工程、分项工程，可按技术处理方案和协商文件进行检验的前提是（　　）。

A. 不改变结构的外形尺寸　　B. 不造成永久性缺陷

C. 不影响主要功能和正常使用寿命　　D. 不影响安全和使用功能

80. 对于经返修或加固处理的分部工程，在（　　）的条件下可按技术处理方案和协商文件予以验收。

A. 不改变结构外形尺寸　　B. 不造成永久性影响

C. 不影响结构安全和使用功能　　D. 不影响基本功能

81. 施工质量不合格经加固补强的分项工程、分部工程，通过改变外形尺寸但能满足安全使用要求的，可按（　　）和协商文件进行验收。

A. 技术处理方案　　B. 设计单位意见

C. 设计变更处理　　D. 质量事故责任

82. 经返修或加固的分项工程、分部工程，虽然改变了外形尺寸但仍能满足安全使用的要求可以按技术处理方案和（　　）进行验收。

A. 设计单位意见　　B. 协商文件

C. 建设单位意见　　D. 质量监督部门意见

83. 检验批质量验收时，对于一般质量缺陷可通过返修或更换予以解决，施工单位采取相应措施整改完后，该检验批应（　　）进行验收。

A. 重新　　B. 协商后

C. 经检测鉴定后　　D. 在设计单位到场后

84. 建筑工程施工质量验收中，经返工重做或更换器具、设备的检验批应（　　）。

A. 予以验收　　B. 重新进行验收

C. 鉴定验收　　D. 协商验收

85. 施工过程中，若出现需返工弥补的工程质量事故，监理工程师应及时（　　）。

A. 签发监理通知　　B. 签发工程暂停令

C. 通知建设单位　　D. 报告政府主管部门

86. 为把质量隐患消灭在萌芽状态，在（　　）的验收时就应及时发现并处理不合格的施工质量。

A. 检验批　　B. 分项工程

C. 子分部工程　　D. 分部工程

87. 在工程质量验收过程中，发现质量不符合要求时，下列情况中只有（　　）可以进行验收。

A. 返工重做的检验批

B. 有资质的检测单位鉴定达到设计要求的检验批

C. 经原设计单位核算认可能满足结构安全和使用功能的检验批

D. 经论证，不影响结构安全和正常使用的建筑错位

E. 无结构和安全问题，建设单位认可的检验批

导图解析：

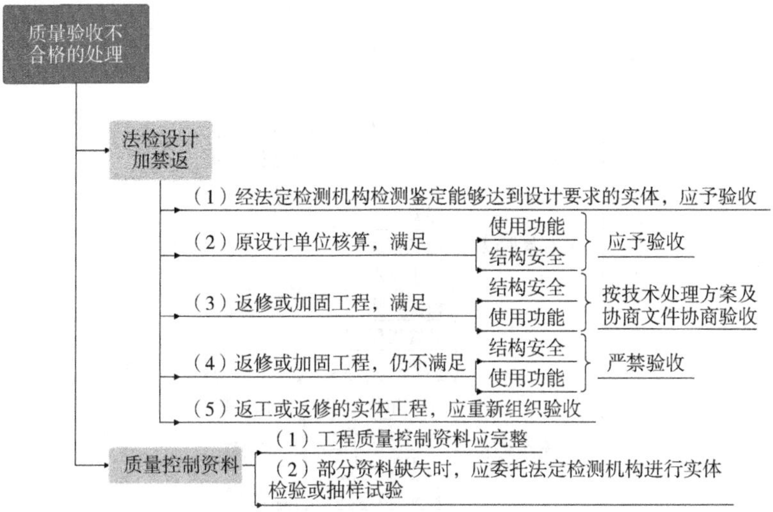

88. 进行砌体结构实体质量检测时，需要进行的强度检测有（　　）。

A. 砌筑块材强度　　B. 砌筑砂浆强度

C. 砌体结构变形　　D. 砌块材料强度

E. 砌体强度

解析： 砌体结构的强度检测可分为砌筑块材强度、砌筑砂浆强度、砌体强度等项目，各项目的检测方法操作应遵守相关检测技术标准。

89. 在正常使用条件下，房屋建筑主体结构工程的最低保修期为（　　）。

A. 建设单位要求的使用年限　　B. 设计文件规定的合理使用年限

C. 30 年　　D. 50 年

90. 根据《建设工程质量管理条例》，在正常使用条件下，建设工程屋面防水工程的最低保修期限为（　　）年。

A. 2　　B. 3　　C. 4　　D. 5

91. 质量评估报告应由（　　）审核签字后报建设单位。

A. 总监理工程师　　B. 总监理工程师代表

C. 监理单位技术负责人　　D. 监理单位法定代表人

E. 监理单位质量部经理

考点：工程质量验收划分标准

解析：监理人编写的《工程质量评估报告》经“总监理工程师和监理单位技术负责人”审核签字后报送建设单位。

92. 工程保修阶段监理单位的工作有（　　）。

A. 协调联系　　B. 定期回访　　C. 界定责任　　D. 检查验收

E. 资料归档

导图解析：

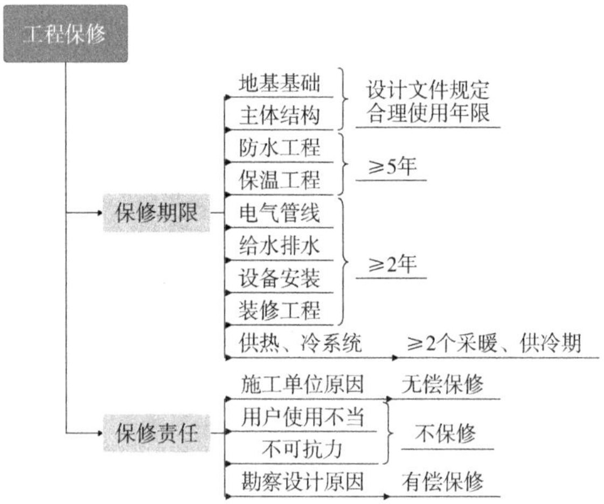

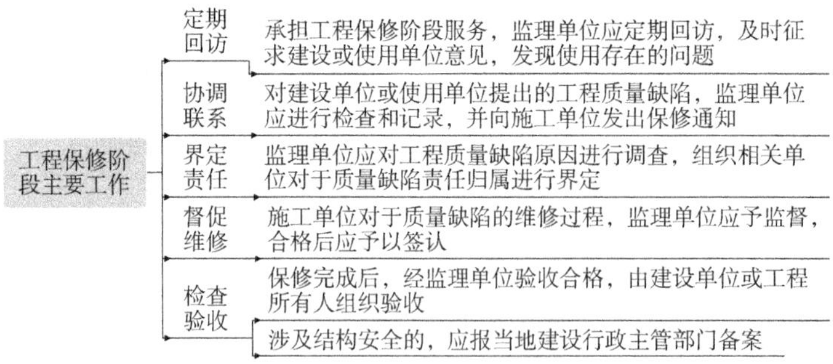

93. 工程质量保证金是用以保证（　　）内施工单位对工程缺陷进行维修的资金。

A. 工程投入使用 3 年　　B. 工程投入使用 5 年

C. 施工合同约定的缺陷责任期　　D. 设计使用年限

解析：建设工程质量保证金是指发包人与承包人在建设工程承包合同中约定，从应付的工程款中预留，用以保证承包人在缺陷责任期内对建设工程出现的缺陷进行维修的资金。

94. 建设工程保修期内出现的质量问题，不属于施工单位保修责任的有（　　）。

A. 建设单位负责采购的给水排水管道破裂

B. 分包单位完成的屋面防水工程出现渗漏

C. 建设单位使用不当造成的质量缺陷

D. 运输公司货车撞裂建筑墙体

E. 不可抗力造成的质量缺陷

解析：下列情况不属于规定的施工单位保修范围：

(1) 因使用不当。

(2) 第三方造成的质量缺陷。

(3) 不可抗力造成的质量缺陷。

第七章

建设工程质量缺陷及事故

知识框架

节	考点
第一节　质量缺陷	考点一、缺陷成因 考点二、处理程序
第二节　质量事故	考点一、事故等级 考点二、事故鉴定 考点三、事故处理

第一节　质量缺陷

真题实战

1. 下列可能导致工程质量缺陷的因素中，属于违背基本建设程序的是（　　）。

A. 未按有关施工规范施工　　B. 计算简图与实际受力情况不符

C. 图纸技术交底不清　　D. 不经竣工验收就交付使用

导图解析：

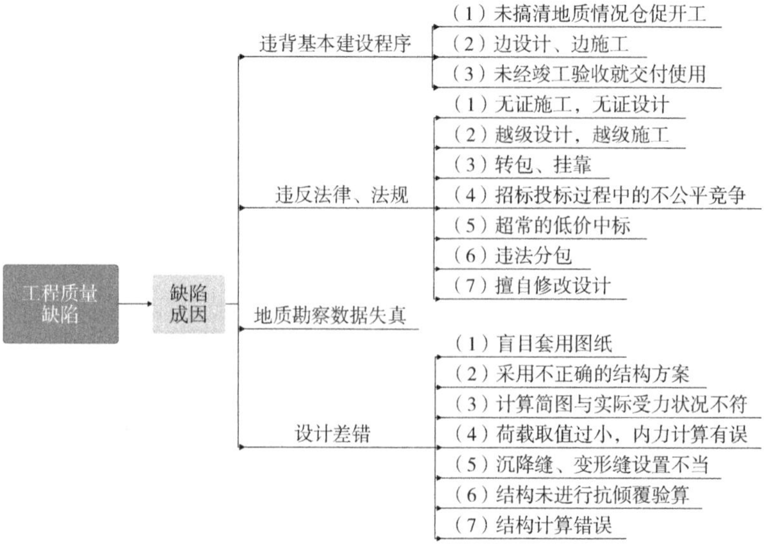

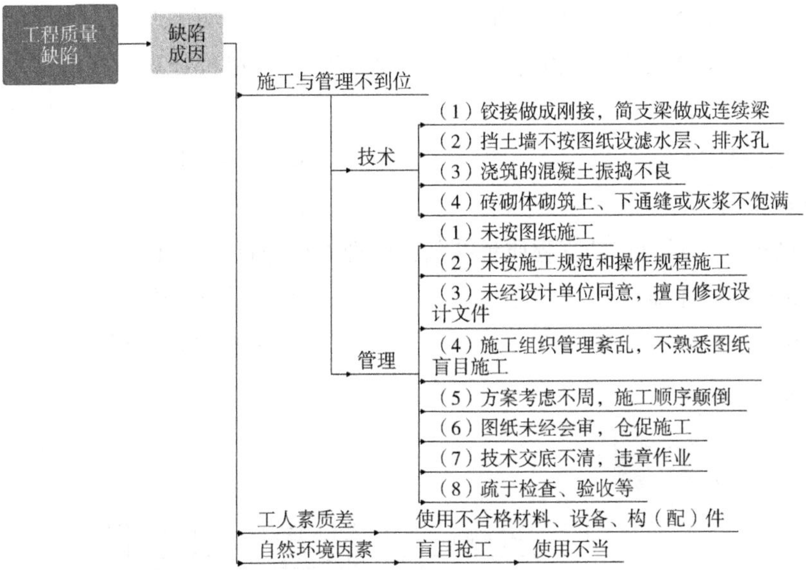

2. 基本建设程序是工程项目建设过程及其客观规律的反映，不按建设程序办事是导致工程质量缺陷的成因，下列属于违背建设程序的事件包括（　　）。

A. 无图施工　　B. 边设计、边施工

C. 无证设计　　D. 越级施工

E. 无证施工

3. 下列可能导致工程质量缺陷的因素中，属于施工与管理不到位的有（　　）。

A. 采用不正确的结构方案　　B. 未经设计单位同意擅自修改设计

C. 技术交底不清　　D. 施工方案考虑不周全

E. 图纸未经会审

解析：选项E属于强干扰项，图纸会审由建设单位负责组织。“图纸未经会审，仓促施工”才属于施工单位的责任。

4. 下列可能导致工程出现质量问题的情况中，属于施工管理不到位的有（　　）。

A. 选用了不恰当的标准图集

B. 采用不正确的结构方案，荷载取值过小

C. 挡土墙未按图纸设置滤水层、排水孔

D. 悬挑结构未进行抗倾覆验算

E. 未进行技术交底，违章作业

5. 悬挑结构未进行抗倾覆验算，属于常见质量缺陷中的（　　）。

A. 违背基本建设程序　　B. 地勘数据失真

C. 违反法律、法规　　D. 设计差错

6. 项目监理机构发现工程施工存在质量缺陷后，应发出（　　），要求施工单位进行处理。

A. 工程暂停令　　B. 监理通知单　　C. 工作联系单　　D. 监理报告

7. 工程质量缺陷的处理方案需经（　　）审查，施工单位处理，处理结果应重新进行验收。

A. 建设单位　　B. 监理单位

C. 设计单位　　D. 工程质量监督机构

8. 施工过程中，对出现的工程质量缺陷，监理工程师首先应（　　）。

A. 签发监理通知　　B. 签发工程暂停令

C. 报告业主　　D. 判断其严重程度

导图解析：

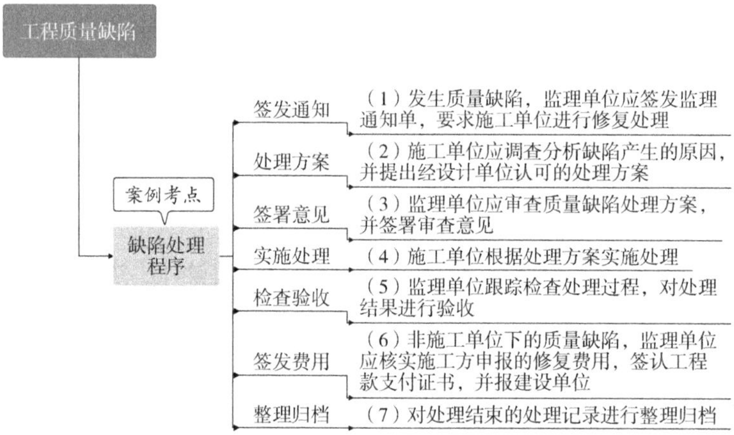

第二节　质量事故

真题实战

9. 某工程施工过程中发生质量事故，造成 3 人死亡，6000 万元直接经济损失，则该质量事故等级属于（　　）。

A. 一般事故　　B. 较大事故

C. 重大事故　　D. 特别重大事故

考点： 工程质量事故——事故类型

解析： 重大事故，是指造成 10 人以上 30 人以下死亡，或者 50 人以上 100 人以下重伤，或者 5000 万元以上 1 亿元以下直接经济损失的事故。

10. 根据《关于做好房屋建筑和市政基础设施工程质量事故报告和调查处理工作的通知》（建质〔2010〕111 号），下列关于工程质量事故等级的说法中，正确的有（　　）。

A. 造成 5 人死亡的事故是一般事故

B. 造成 45 人重伤的事故是重大事故

C. 造成 20 人死亡的事故是特别重大事故

D. 造成 4000 万元直接经济损失的事故是较大事故

E. 造成 15 人死亡的事故是重大事故

11. 工程施工过程中，造成直接经济损失 900 万元的工程质量事故属于（　　）事故。

A. 特别重大　　B. 重大　　C. 较大　　D. 一般

12. 工程施工中发生事故造成 10 人死亡，该事故属于（　　）事故。

A. 特别重大　　B. 重大　　C. 较大　　D. 一般

13. 工程发生质量安全事故，造成 2 人死亡、3800 万元直接经济损失，该事故属于（　　）事故。

A. 一般事故　　B. 较大事故

C. 重大事故　　D. 特别重大事故

导图解析：

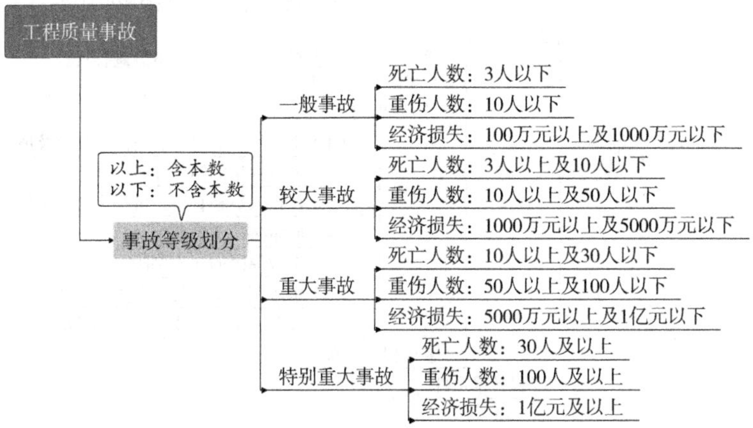

14. 工程质量事故处理的依据有（　　）。

A. 有关合同文件　　B. 相关法律、法规

C. 有关工程定额　　D. 质量事故实况资料

E. 有关工程技术文件

15. 工程质量事故处理依据应包括（　　）。

A. 质量事故的实况资料　　B. 有关的合同文件

C. 建设单位和监理单位的意见　　D. 相关的建设法规

E. 相关的设计文件

16. 工程质量事故的实况资料是找出质量事故原因和确定处理对策的基础，它主要来自（　　）。

A. 施工单位的质量事故调查报告

B. 监理单位对事故成因的分析报告

C. 监理单位所掌握的质量事故相关资料

D. 工程质量事故调查组的事故分析会议记录

E. 有关的技术文件和档案

17. 处理工程质量事故的依据有（　　）。

A. 质量事故的实况资料　　B. 有关合同及合同文件

C. 有关的经济文件和报表　　D. 有关的技术文件和档案

E. 相关的建设法规

导图解析：

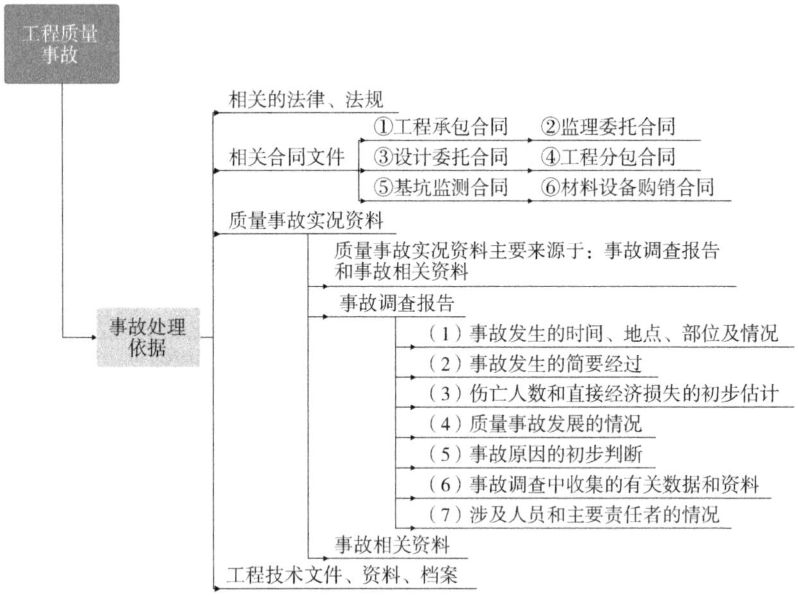

18. 当发生工程质量缺陷时，监理工程师首先应做的工作是（　　）。

A. 判断其严重程度　　B. 签发监理通知

C. 签发工程暂停令　　D. 要求保护现场

19. 施工过程出现质量缺陷时，监理工程师应立即向施工单位发出（　　），要求其对质量问题进行补救处理。

A. 暂停令　　B. 工作联系单

C. 会议纪要　　D. 监理通知

20. 质量事故发生后，（　　）就所发生的质量事故进行周密的调查、研究，掌握情况，并在此基础上写出调查报告，提交项目监理机构和业主。

A. 施工单位有责任　　B. 监理单位应要求施工单位

C. 监理员　　D. 事故调查小组

21. 施工现场发生工程质量事故后，项目监理机构应及时（　　）并要求施工单位采取措施，按相关程序进行处理。

A. 签发监理通知单　　B. 签发工程暂停令

C. 通知设计单位　　D. 报告政府主管部门

22. 工程发生质量事故后，应由（　　）签发工程暂停令。

A. 建设单位项目负责人　　B. 总监理工程师

C. 施工单位项目经理　　D. 设计负责人

23. 发生工程质量事故后，下一步处理程序应当是（　　）。

A. 总监理工程师征得建设单位同意后，签发工程暂停令

B. 施工单位进行质量事故调查

C. 项目监理机构审查施工单位报送的质量事故调查报告

D. 施工单位实施处理，项目监理机构跟踪调查

24. 工程质量事故发生后，项目监理机构应及时签发工程暂停令，要求施工单位采取（　　）的措施。

A. 抓紧整改，早日复工　　B. 防止事故信息非正常扩散

C. 对事故责任人进行监管　　D. 防止事故扩大并保护好现场

25. 工程质量事故发生后，总监理工程师首先应进行的工作是签发工程暂停令，并要求施工单位采取（　　）的措施。

A. 抓紧整改，早日复工　　B. 防止事故扩大并保护好现场

C. 防止事故信息不正常披露　　D. 对事故责任人加强监督

26. 下列关于项目监理机构处理工程质量事故的说法中，正确的是（　　）。

A. 签发监理通知单，要求施工单位及时处理

B. 签发工程暂停令，暂停与其关联部位的施工

C. 签发监理报告，向政府主管部门报告

D. 签发工作联系单，要求施工单位及时处理

27. 对于返修就可以弥补的质量缺陷，监理工程师的处理程序中包括（　　）。

A. 签发监理通知　　B. 签发工程暂停令

C. 按规定上报　　D. 进行原因分析

E. 组织检查、鉴定、验收

28. 工程质量事故发生后，总监理工程师签发工程暂停令的同时，应要求（　　）。

A. 采取必要措施防止事故扩大

B. 保护好事故现场

C. 事故调查组进行调查

D. 事故发生单位按规定要求向主管部门上报

E. 提交技术处理方案

29. 工程质量事故发生后，总监理工程师应采取的做法是（　　）。

A. 立即组织抢险

B. 立即征得建设单位同意后签发工程暂停令

C. 立即进行事故调查

D. 立即要求施工单位查清原因和责任人

解析：工程质量事故发生后，总监理工程师应采取的做法是征得建设单位同意后签发工程暂停令。

30. 某工程的混凝土构件尺寸偏差不符合验收规范要求，经原设计单位验算，得出的结论是该构件能够满足结构安全和使用功能要求，则该混凝土构件的处理方式是（　　）。

A. 返工处理　　B. 不做处理　　C. 试验检测　　D. 限制使用

解析：通常不用专门处理的情况有以下几种：

（1）不影响结构安全和正常使用。

（2）有些质量缺陷，经过后续工序可以弥补。

（3）经法定检测单位鉴定合格。

（4）出现的质量缺陷，经检测鉴定达不到设计要求，但经原设计单位核算，仍能满足结构安全和使用功能。

31. 工程质量事故调查组处理质量事故时，项目监理机构的正确做法是（　　）。

A. 积极配合，客观提供相应证据

B. 积极配合，参与质量事故调查

C. 积极配合，会同施工单位提供有利证据

D. 回避质量事故调查

解析：由政府相关部门组成的事故调查组对事故进行调查的，项目监理机构应积极配合，提供相应的客观证据。

32. 建设工程发生施工质量事故后，施工单位应提交质量事故调查报告，其中在质量事故发展情况中，应明确的内容是（　　）。

A. 事故范围是否继续扩大　　B. 是否发生直接经济损失

C. 应急措施是否直接有效　　D. 是否发生人员伤亡

考点：工程质量事故——事故处理程序

33. 工程施工事故发生后，施工单位提交的质量事故调查报告应包括的内容有（　　）。

A. 事故发生的简要经过　　B. 事故原因的初步判断

C. 事故责任范围的初步界定　　D. 事故主要责任者情况

E. 事故等级的初步推定

考点：工程质量事故——处理依据

导图解析：

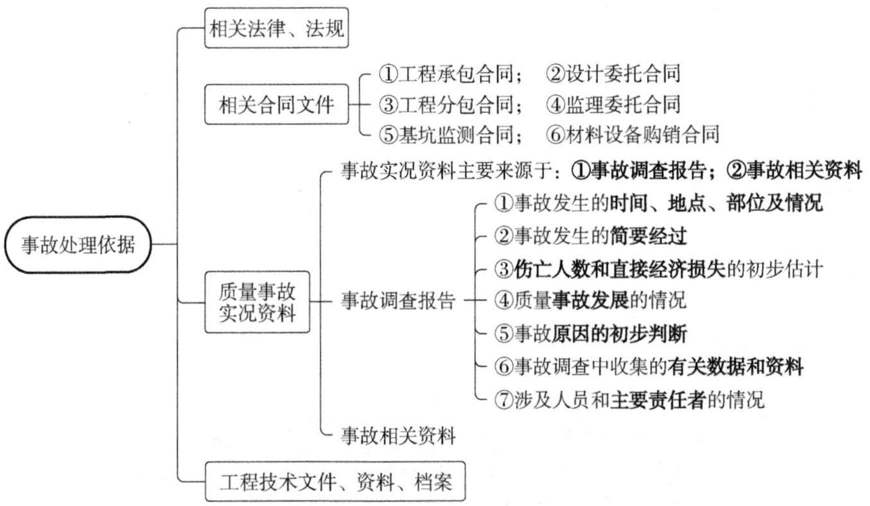

34. 工程质量事故发生后，事故调查组已展开工作的，监理工程师应（　　）。

A. 积极参与事故调查　　B. 要求施工单位提供相应证据

C. 回避参与事故调查　　D. 积极协助客观提供相应证据

导图解析：

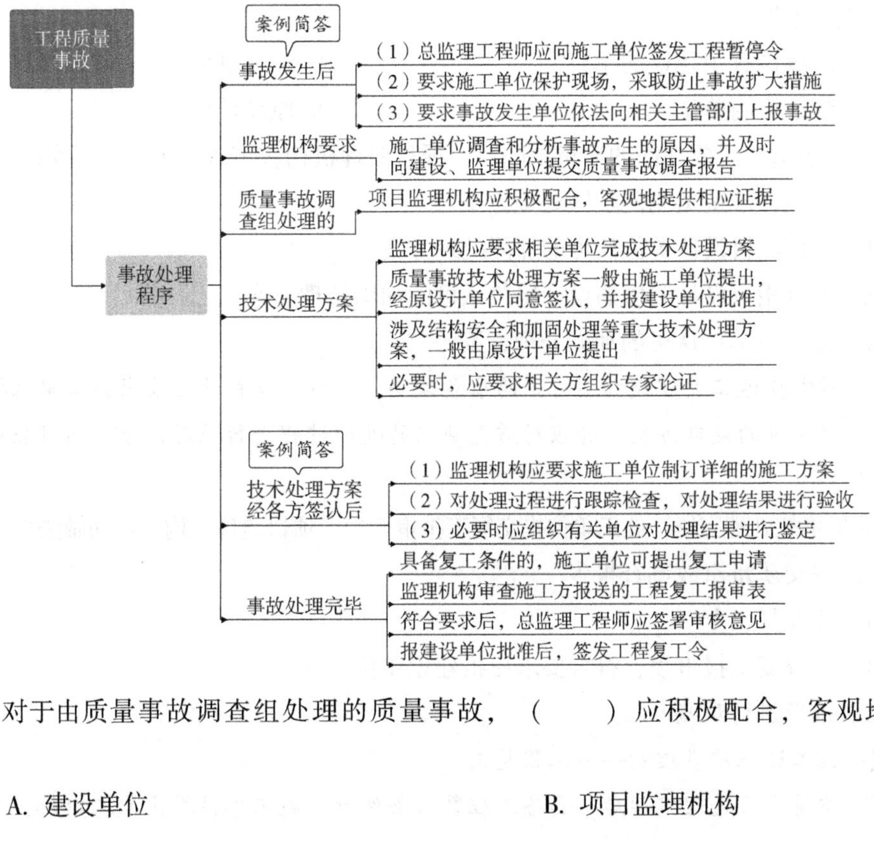

35. 对于由质量事故调查组处理的质量事故，（　　）应积极配合，客观地提供相应证据。

A. 建设单位　　B. 项目监理机构

C. 质量监督机构　　D. 质量检测机构

36. 项目监理机构接到工程质量事故调查组提出的处理意见后，可要求相关单位完成（　　）。

A. 技术论证方案　　B. 技术处理方案

C. 事故调查报告　　D. 事故处理报告

导图解析：

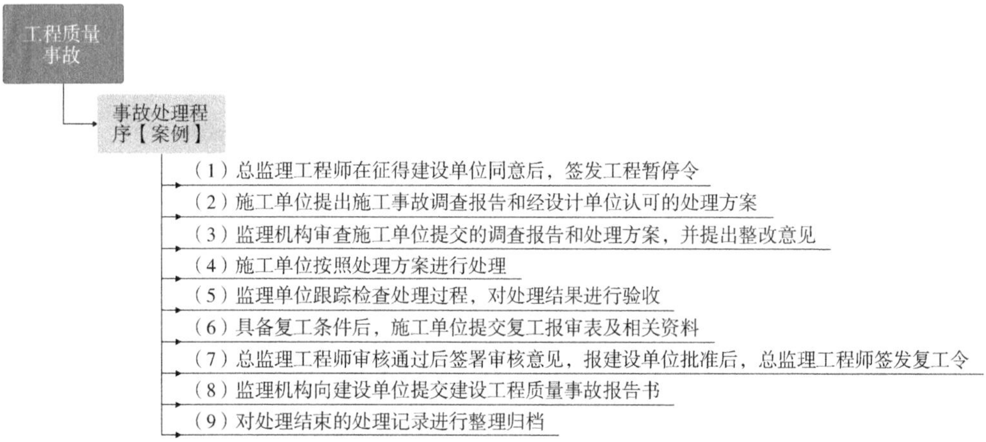

37. 因施工原因发生工程质量事故后，质量事故技术处理方案一般应经（　　）签认，并报建设单位批准。

A. 事故调查组建议的单位　　B. 施工单位

C. 法定检测单位　　D. 原设计单位

38. 施工中出现需要加固的质量缺陷时，项目监理机构应审查施工单位提交的（　　）。

A. 按设计规范编制的加固处理方案

B. 经该项目设计单位认可的加固处理方案

C. 经有相应设计资质的设计单位认可的加固处理方案

D. 经建设单位认可的加固处理方案

解析：对需要返工处理或加固补强的质量缺陷，项目监理机构应要求施工单位报送经设计等相关单位认可的处理方案，并应对质量缺陷的处理过程进行跟踪检查，同时应对处理结果进行验收。

39. 质量事故处理完毕，施工单位提交复工报审表后，项目监理机构的正确做法是（　　）。

A. 提交质量事故调查报告

B. 签发复工令

C. 审查复工报审表，符合要求后报建设单位

D. 继续进行观测

考点：施工过程质量控制——工程复工

解析：质量事故处理完毕后，具备工程复工条件时，施工单位提出复工申请，项目监理

机构应审查施工单位报送的工程复工报审表及有关资料，符合要求后，总监理工程师签署审核意见，报建设单位批准后，签发工程复工令。

40. 质量事故技术处理方案核签后，监理工程师应对技术处理过程进行（　　）。

A. 平行检查　　B. 见证取样　　C. 抽检　　D. 跟踪检查

41. 监理机构应要求施工单位报送（　　）和经设计等相关单位认可的处理方案，并对质量事故的处理过程进行跟踪检查。

A. 质量事故调查报告　　B. 检测单位的鉴定意见

C. 质量事故状况观测记录　　D. 质量事故处理依据

42. 工程质量事故发生后，涉及结构安全和加固处理的重大技术处理方案应由（　　）提出。

A. 原设计单位　　B. 事故调查组建议的单位

C. 施工单位　　D. 法定检测单位

43. 因施工原因发生工程质量事故，涉及结构安全处理的重大技术处理方案，由（　　）提出。

A. 施工单位　　B. 项目监理机构

C. 原设计单位　　D. 法定检测机

44. 施工质量事故的技术处理方案按规定程序和要求核签以后，监理工程师应要求施工单位制订详细的（　　）付诸实施。

A. 施工组织设计　　B. 施工进度计划

C. 施工方案　　D. 施工整改计划

45. 当工程发生需要加固补强的质量事故时，监理单位应先签发（　　）。

A. 监理通知　　B. 工程暂停令

C. 整改通知　　D. 工程变更单

46. 工程质量事故处理完后，项目监理机构应及时向建设单位提交质量事故书面报告，报告的主要内容包括（　　）。

A. 工程及各参建单位名称

B. 质量事故处理的过程及结果

C. 质量事故发生后采取的措施及处理方法

D. 质量事故发生的时间、地点、工程部位

E. 对质量事故责任人的处理意见

47. 项目监理机构处理完工程质量事故后，向建设单位提交的质量事故报告包括的内容有（　　）。

A. 事故发生的时间、地点　　B. 事故发生的简要经过

C. 事故发生后采取的措施　　D. 事故处理的过程及结果

E. 事故调查有关会议记录

导图解析：

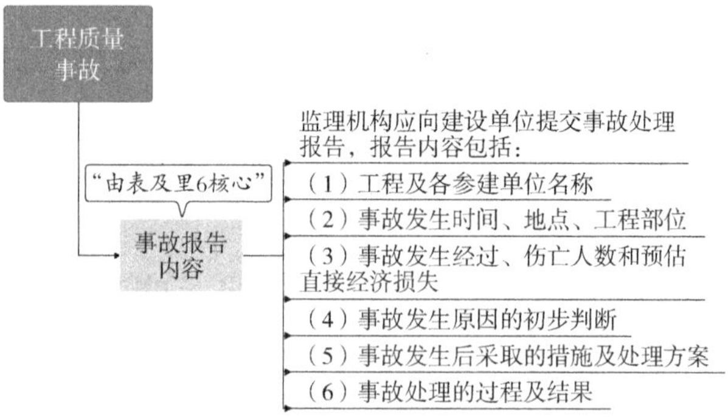

48. 工程质量事故处理的基本要求有（　　）。

A. 正确确定事故性质和处理范围　　B. 安全可靠、不留隐患

C. 满足建筑物的功能和使用要求　　D. 技术可行

E. 经济合理

49. 工程质量事故处理方案的确定，需要按照一般处理原则和基本要求进行，其一般处理原则是（　　）。

A. 正确确定事故性质、处理范围　　B. 安全可靠、不留隐患

C. 满足建筑物的功能和使用要求　　D. 技术上可行、经济上合理

50. 工程施工过程中，质量事故处理的基本要求有（　　）。

A. 安全可靠，不留隐患　　B. 满足工程的功能和使用要求

C. 技术可行，经济合理　　D. 满足建设单位的要求

E. 造型美观，节能环保

51. 工程质量事故处理目的是消除质量缺陷，以达到建筑物的安全可靠和正常使用功能及寿命要求，并保证后续施工的正常进行。其一般处理原则包括（　　）。

A. 安全可靠、不留隐患　　B. 满足建筑物的使用要求

C. 正确确定事故性质　　D. 满足建筑物的功能

E. 正确确定处理范围

52. 某工程项目出现了需要加固补强的质量问题，设计单位对此提出了处理方案，监理工程师在审核确认该处理方案时，应坚持（　　）基本要求。

A. 安全可靠、不留隐患　　B. 满足建筑物的功能和使用要求

C. 技术可行　　D. 经济合理

E. 时间最短

53. 工程施工中发现工程质量缺陷时，可不做专门处理的情形有（　　）。

A. 不影响结构安全和正常使用　　B. 经过后续工序可弥补

C. 经法定检测单位鉴定合格　　D. 处理缺陷会影响工期

E. 经原设计单位核算满足要求

54. 工程质量问题经法定检测鉴定达不到设计要求，但经原设计单位核算，仍能满足结构安全和使用功能的可（　　）。

A. 修补处理　　B. 返工处理

C. 补强处理　　D. 不作处理

55. 施工质量验收时，抽样样本经实验室检测达不到规范及设计要求，但经法定检测单位的现场检测鉴定能够达到要求的，可（　　）处理。

A. 返工　　B. 补强

C. 不作　　D. 延后

56. 现场实验室检测达不到规范及设计要求，但经法定检测单位的现场检测鉴定能够达到要求的，可（　　）处理。

A. 返工　　B. 补强

C. 不作　　D. 延后

57. 工程质量事故处理方案的类型有返工处理、不做处理和（　　）。

A. 修补处理　　B. 试验验证后处理

C. 定期观察处理　　D. 专家论证后处理

58. 工程施工过程中，质量事故处理方案的类型有（　　）。

A. 修补处理　　B. 返工处理

C. 补强处理　　D. 不做处理

E. 检测处理

59. 下列工程质量问题中，可不做处理的有（　　）。

A. 不影响结构安全和正常使用的质量问题

B. 经过后续工序可以弥补的质量问题

C. 存在一定的质量缺陷，若处理则影响工期的质量问题

D. 质量问题经法定检测单位鉴定为合格

E. 出现质量问题，经设计单位核算，仍能满足结构安全和使用功能要求

60. 工程质量事故处理方案的辅助决策方法有（　　）。

A. 检查验收　　B. 定期观测

C. 试验验证　　D. 方案比较

E. 专家论证

61. 对涉及技术领域广泛、问题复杂、仅依据合同约定难以决策的工程质量缺陷，应选用的辅助决策方法是（　　）。

A. 专家论证法　　B. 方案比较法

C. 试验验证法　　D. 定期观测法

导图解析：

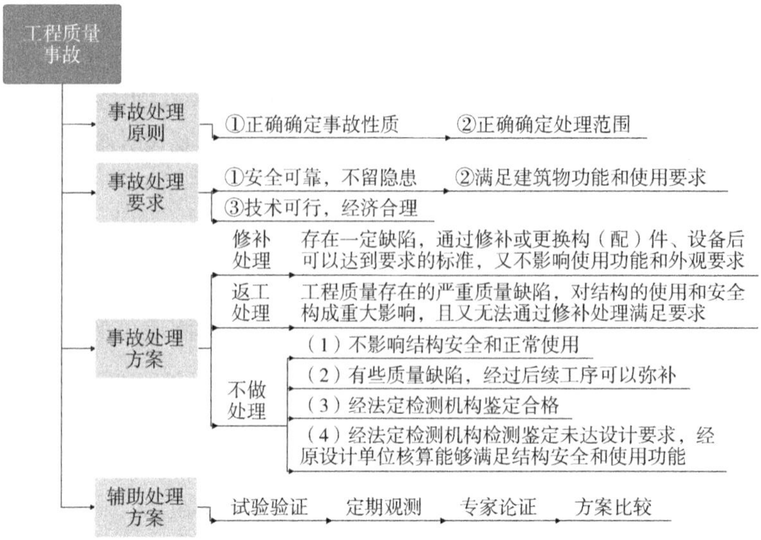

62. 项目监理机构最终确认工程质量事故的技术处理是否达到预期目的的所采取的手段是（　　）。

A. 定期观测和必要的判断　　B. 分析和必要的论证

C. 检查验收和必要的鉴定　　D. 征询设计单位意见

63. 项目监理机构最终确认工程质量事故的技术处理是否达到预期效果所采取的手段是（　　）。

A. 定期观测和必要的判断　　B. 分析论证

C. 检查验收和必要的鉴定　　D. 征询建设单位意见

64. 为了确保工程质量事故的处理效果，凡涉及结构承载力等使用安全和其他重要性能的处理结果，通常还需要（　　）。

A. 请专家论证　　B. 进行定期观测

C. 做必要的试验和鉴定工作　　D. 请工程质量监督机构认可

65. 工程质量事故处理完成后，监理工程师在施工单位自检合格报验的基础上，应（　　）进行验收。

A. 严格按施工验收标准及有关规范

B. 结合监理人员的旁站、巡视、平行检验结果

C. 依据质量事故调查报告的结果

D. 依据质量事故技术处理方案设计要求

E. 通过实际量测、检查各种资料数据

66. 为确保设计结构使用安全质量事故的处理结果，需由项目监理机构组织进行的工作是（　　）。

A. 检验鉴定　　B. 定期观测

C. 专家论证　　　　D. 定期评估

67. 为了确保工程质量事故的处理效果，对涉及结构承载力等使用安全和其他重要性能的处理，必须要委托有资质的（　　）进行必要的检测鉴定。

A. 法定检测单位　　　　B. 工程咨询单位

C. 质量监督单位　　　　D. 勘察设计单位

68. 在工程质量事故处理过程中，可能要进行必要的检测鉴定，可进行检测鉴定的单位是（　　）。

A. 总监理工程师指定的检测单位

B. 建设单位指定的检测单位

C. 政府批准的有资质的法定检测单位

D. 监理工程师审查批准的施工单位实验室

69. 为确保工程质量事故处理效果，凡涉及结构承载力等使用安全和其他重要性能的处理工作，通常还需进行必要的（　　）工作。

A. 方案比较　　　　B. 试验和检验鉴定

C. 专家论证　　　　D. 定期观测

70. 工程质量事故经技术处理后符合现行国家标准《建筑工程施工质量验收统一标准》GB 50300 规定的，经过检查或必要的鉴定后，应由（　　）予以验收确认。

A. 监理工程师　　　　B. 事故调查组

C. 业主项目负责人　　　　D. 质量监督工程师

导图解析：

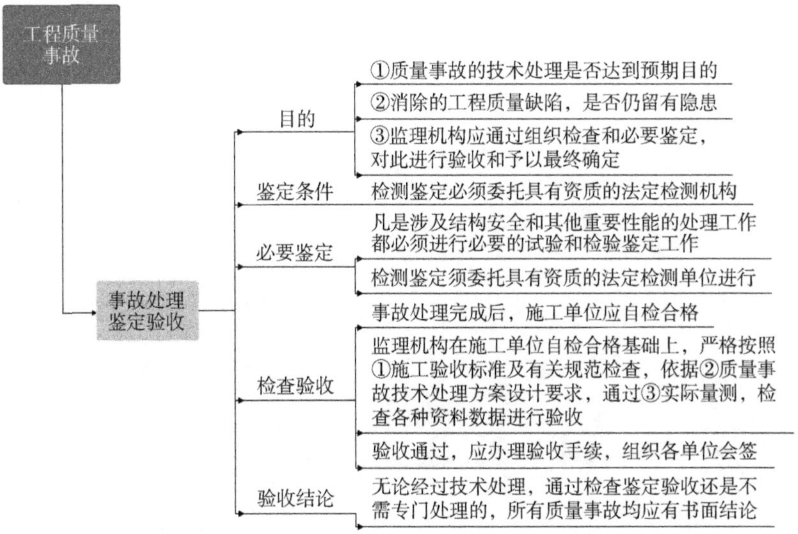

71. 深基坑工程事故应急抢险结束后，建设单位应当组织（　　）制订工程恢复方案。

A. 设计单位　　B. 勘察单位　　C. 检测单位　　D. 监理单位

E. 施工单位

考点： 危大工程管理程序

解析： 危大工程应急抢险结束后，建设单位应当组织勘察、设计、施工、监理等单位制订工程恢复方案，并对应急抢险工作进行后评估。

第八章

设备采购和监造质量控制

知识框架

节	考点
第一节 设备采购质量控制	考点一、市场采购 考点二、厂商订货 考点三、招标采购
第二节 设备监造质量控制	考点一、监造方式 考点二、监造质量控制

第一节　设备采购质量控制

真题实战

1. 由总承包单位或安装单位采购的设备，其采购方案须事前提交给项目的（　　），经其审查同意后方可实施。

A. 监理单位　　B. 设备安装单位

C. 建设单位　　D. 专家

2. 设备的购置是影响设备质量的关键环节，设备安装单位直接从市场上采购设备时，设备采购方案最终需获得（　　）批准。

A. 设计单位现场代表　　B. 建设单位项目负责人

C. 监理单位项目总监理工程师　　D. 总承包单位项目负责人

导图解析：

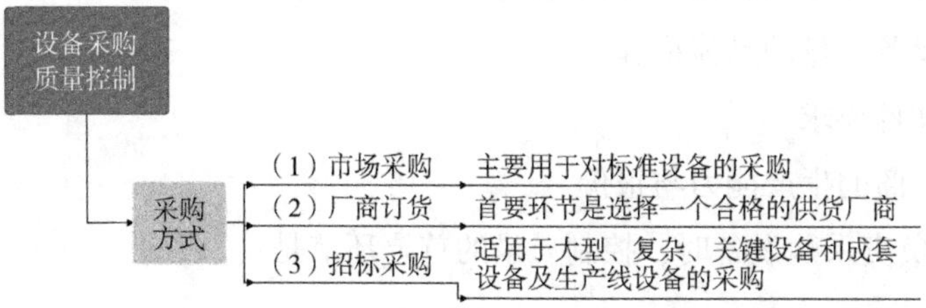

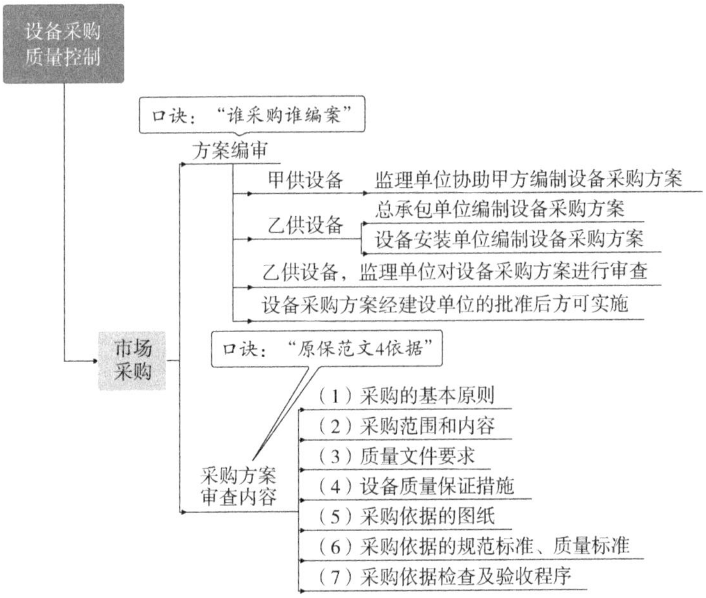

3. 根据建设项目总体计划和相关设计文件的要求编制的设备采购方案，最终须获得（　　）的批准。

A. 监理工程师　　B. 设计负责人　　C. 安装单位　　D. 建设单位

4. 监理单位对总承包单位提交的设备采购方案进行审查的内容有（　　）。

A. 采购内容和范围　　B. 设备质量标准

C. 设备供货厂商资质　　D. 设备检查及验收程序

E. 保证设备质量的措施

解析：本题极容易"弃A选C"。需注意，企业资质是在资格评审阶段时进行的。监理单位对设备采购方案的审查是在合同履行阶段，因此只审查跟设备采购有关的内容。

5. 监理单位对总承包单位提交的设备采购方案进行审查的内容有（　　）。

A. 质量文件　　B. 设备采购依据的图纸

C. 设备供货厂商资质　　D. 采购依据的规范标准

E. 保证设备质量的措施

6. 项目监理机构在审查总承包单位或设备安装单位报送的设备采购方案时，审查的重点有（　　）。

A. 依据的图纸、规范标准、质量标准、检查及验收程序

B. 采购的基本原则，范围和内容

C. 保证设备质量的具体措施

D. 质量文件要求

E. 供货厂商的生产能力与报价

7. 建设单位负责采购设备时，控制质量的首要环节是（　　）。

A. 编制设备监造方案　　　　B. 选择合格的供货厂商

C. 确定主要技术参数　　　　D. 选择适宜的运输方式

8. 向生产厂家订购设备，其质量控制工作的首要环节是对（　　）进行评审。

A. 质量合格标准　　　　B. 合格供货厂商

C. 适宜运输方式　　　　D. 工艺方案的合理性

导图解析：

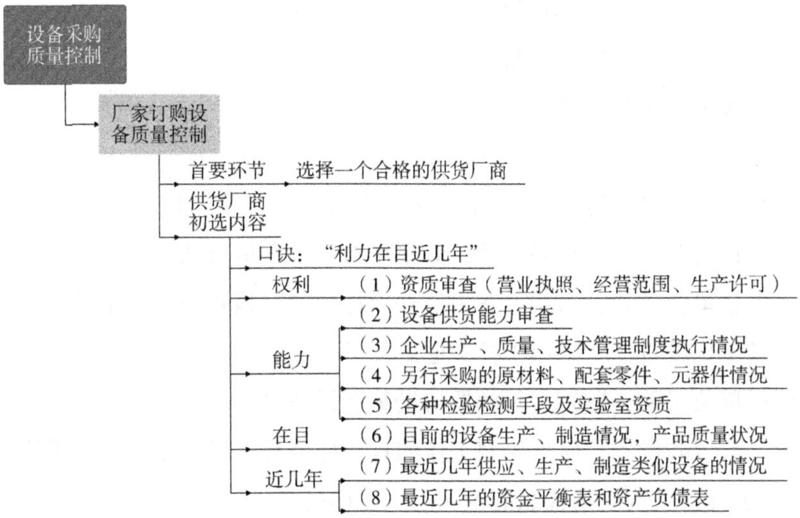

9. 为保证订购设备的质量，采购方首先要通过评审选择一个合格的供货厂商，评审的内容包括（　　）。

A. 供货厂商资质　　　　B. 设备供货能力

C. 设备营销方式　　　　D. 近年类似设备的生产和质量情况

E. 各种检验检测手段

10. 大型、复杂、关键设备和成套设备，一般采用（　　）订货方式。

A. 市场采购　　B. 指定厂家　　C. 招标采购　　D. 委托采购

导图解析：

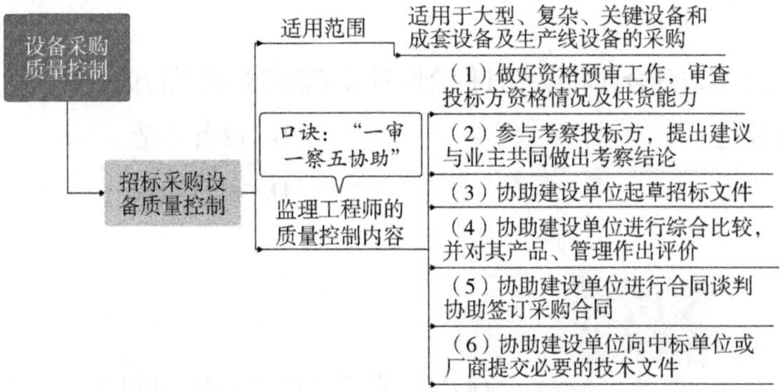

11. 为确保工程质量，对于大宗器材和材料的采购，一般宜（　　）。

A. 考核合格供货厂家后直接向厂家订货

B. 货比三家，直接在市场上采购

C. 通过样品试验、鉴定后，请中介机构代为采购

D. 采用招标的方式采购

12. 建设单位通过招标方式采购设备时，监理单位的质量控制工作内容是（　　）。

A. 协助建设单位向中标单位移交必要的技术文件

B. 考察投标单位并做出考察结论

C. 确定投标单位初选名单

D. 确定设备采购合同条款

13. 关于设备采购的质量控制，以下说法中正确的有（　　）。

A. 成套设备及生产线设备采购，宜采用招标采购的方式

B. 总承包单位采购，采购方案由监理工程师编写报建设单位批准

C. 市场采购设备，一般用于标准通用设备的采购

D. 建设单位采购，监理工程师要协助编制设备采购方案

E. 向厂家订购设备，质量控制工作的首要环节是选择一个合格的供货厂商

14. 下列关于设备采购质量控制的说法中，正确的是（　　）。

A. 市场采购设备，主要用于非标准设备的采购

B. 向生产厂家订购设备，质量控制工作的首要环节是选择一个合格供货厂商

C. 招标采购设备，一般用于标准设备的采购

D. 建设单位直接采购设备的，设备采购方案由设备安装单位编制

第二节　设备监造质量控制

真题实战

15. 监理单位依据监理合同和设备订货合同对设备制造过程进行的监督活动是指（　　）。

A. 驻场监造　　B. 设备监造

C. 巡回监控　　D. 定点监控

导图解析：

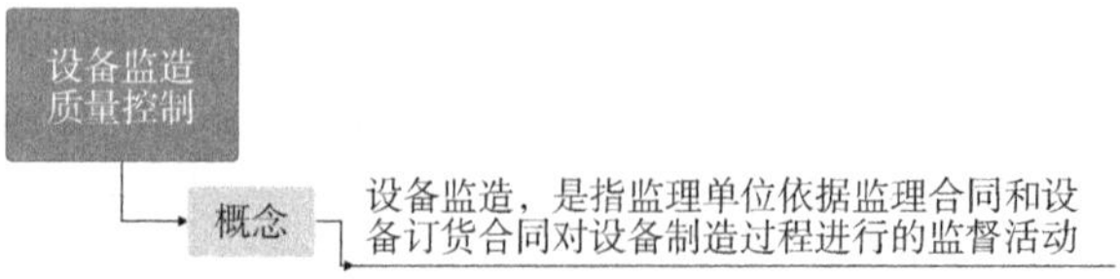

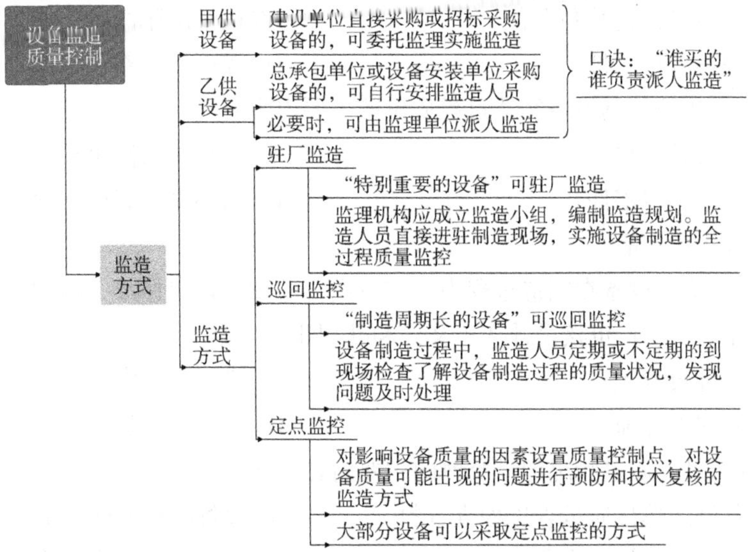

16. 设备监造是根据设备采购要求和设备订货合同对设备制造过程进行的监督活动，监造人员原则上由（　　）派出。

A. 总承包单位　　B. 设备安装单位
C. 监理单位　　D. 设备采购单位

17. 设备监造是指监理单位依据监理合同和设备订货合同对设备制造过程进行的监督活动，监造人员一般不会由（　　）派出。

A. 设计单位　　B. 总承包单位
C. 设备安装单位　　D. 项目监理机构

18. 对厂家设备制造的质量监控，可采用驻厂监造、巡回监控和（　　）方式。

A. 委托厂家监控　　B. 设置质量控制点监控
C. 定期监控　　D. 日常监控

19. 在设备制造过程中，监造人员定期、不定期到制造现场，检查了解设备制造过程的质量状况，发现问题及时处理。这种质量监控方式称为（　　）。

A. 驻厂监造　　B. 设置质量控制点监控
C. 跟踪监控　　D. 巡回监控

20. 监理单位对制造周期长的设备制造过程，质量控制可采用的方式是（　　）。

A. 驻厂监造　　B. 巡回监控　　C. 定点监控　　D. 目标监控

21. 对制造周期长的设备，项目监理机构可采取（　　）的方式实施设备质量控制。

A. 目标监控　　B. 巡回监控
C. 定点监控　　D. 设置质量控制点监控

22. 项目监理机构对特别重要设备的制造过程质量控制可采取（　　）方式。

A. 驻厂监造　　B. 定点监控　　C. 巡回监控　　D. 目标监控

23. 设备制造前，监理单位的质量控制工作是（　　）。

A. 审查设备制造分包单位　　B. 检查工序产品质量

C. 处理不合格零件　　D. 控制加工作业条件

24. 工程监理单位控制设备制造过程质量的主要内容有（　　）。

A. 控制设计变更　　B. 控制加工作业条件

C. 处置不合格零件　　D. 明确设备制造过程的要求

E. 检查工序产品

25. 向厂家订货的设备在制造过程中如需对设备的设计提出修改，应由原设计单位进行设计变更，并由（　　）审核设计变更文件和处理相关事宜。

A. 原设计负责人　　B. 建设单位代表

C. 总监理工程师　　D. 采购方负责人

26. 设备制造过程质量状况记录资料的主要内容有（　　）。

A. 设备制造单位质量管理检查资料　　B. 设备制造依据及工艺资料

C. 设备制造材料的质量记录　　D. 设备制造过程的检查验收资料

E. 设备订货的合同文件

27. 项目管理机构进行设备改造时，设备制造过程质量记录资料包括的内容有（　　）。

A. 设备制造单位质量管理检查资料　　B. 设备订货合同

C. 设备制造依据及工艺资料　　D. 设备制造材料的质量记录

E. 零部件加工检查验收资料

导图解析：

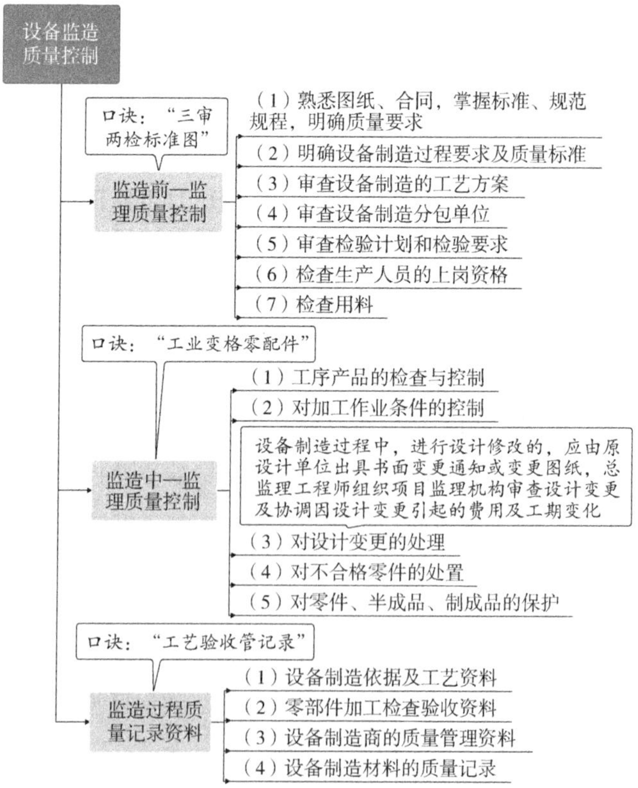

28. 在设备制造过程中如需对设备的原设计进行变更，应由（　　）审查设计变更，并应协调处理因变更引起的费用和工期调整。

A. 设计单位　　B. 建设单位　　C. 项目监理机构　　D. 采购单位

29. 设备建造过程中，项目监理机构控制设备装备质量的工作内容是（　　）。

A. 复核设备制造图纸　　B. 检查零部件定位质量

C. 审查设备制造分包单位资格　　D. 审查零部件运输方案

考点：设备监造质量控制——设备监造三种方式

解析：设备监造中，监理单位的质量控制工作可总结为“工业变格零配件”：

“工”：工序产品的检查与控制；

“业”：对加工作业条件的控制；

“变”：对设计变更的处理；

“格”：对不合格零件的处置；

“零配件”：对零件、半成品、制成品的保护。

参考答案

第一章　建设工程质量管理制度和责任体系

1. ABC	2. C	3. A	4. BCE	5. B	6. C	7. A	8. C	9. B	10. C
11. C	12. ABC	13. B	14. B	15. B	16. B	17. A	18. ACE	19. C	20. C
21. CE	22. C	23. D	24. ABD	25. ACE	26. ABD	27. BCD	28. A	29. D	30. D
31. ABE	32. A	33. C	34. A	35. B	36. AB	37. C	38. BCE	39. ABCD	40. ACD
41. B	42. B	43. C	44. ABCE	45. D	46. B	47. A	48. A	49. B	50. BDE
51. C	52. D	53. A	54. A	55. ACDE	56. C	57. D	58. ABCE	59. C	60. ABCD
61. C	62. D	63. BCD	64. ABDE	65. D	66. BCD	67. D	68. D	69. A	70. BD
71. B	72. A	73. B	74. A	75. D	76. C	77. BDE	78. D	79. BCDE	80. C

第二章　ISO 质量管理体系及卓越绩效管理模式

1. AE	2. B	3. C	4. A	5. B	6. B	7. A	8. A	9. D	10. D
11. C	12. C	13. ABE	14. C	15. C	16. B	17. B	18. CDE	19. ABE	20. D
21. B	22. ABD	23. D	24. A	25. CDE	26. B	27. D	28. ABCD	29. B	30. D
31. CD	32. D	33. A	34. B	35. D	36. ABDE	37. C	38. B	39. C	40. C
41. B	42. B	43. CDE	44. ABE						

第三章　工程质量的统计分析和试验检测方法

1. C	2. C	3. BCE	4. A	5. C	6. A	7. D	8. B	9. C	10. ACD
11. BCE	12. A	13. ABE	14. C	15. B	16. A	17. B	18. B	19. D	20. D
21. B	22. B	23. A	24. C	25. A	26. A	27. B	28. D	29. C	30. ABE
31. ACE	32. D	33. B	34. B	35. B	36. A	37. B	38. A	39. A	40. ABCD
41. ABD	42. ADE	43. BDE	44. A	45. B	46. A	47. ADE	48. CDE	49. A	50. D
51. ABC	52. D	53. D	54. A	55. C	56. A	57. A	58. A	59. A	60. C
61. C	62. D	63. AE	64. BDE	65. CD	66. BDE	67. ABD	68. AE	69. CD	70. B
71. A	72. D	73. BCD	74. BE	75. ABD	76. A	77. D	78. A	79. D	80. D
81. D	82. C	83. C	84. C	85. D	86. ABCE	87. A	88. ABE	89. ADE	

第四章　勘察与设计各阶段质量管理

1. D	2. D	3. A	4. B	5. D	6. ACDE	7. B	8. A	9. D	10. ABCE
11. A	12. A	13. CDE	14. ABCE	15. D	16. ABCE	17. ABCD	18. C	19. C	20. B
21. C	22. C								

第五章　建设工程施工质量控制和安全生产管理

1. ABDE	2. ABDE	3. ABC	4. B	5. B	6. C	7. ABC	8. ABCE	9. B	10. A
11. B	12. B	13. D	14. D	15. D	16. B	17. D	18. B	19. B	20. D
21. A	22. A	23. AB	24. C	25. D	26. C	27. B	28. B	29. C	30. A
31. ABDE	32. B	33. B	34. BCDE	35. ABC	36. AE	37. ABCD	38. D	39. A	40. C
41. B	42. ACE	43. BCDE	44. C	45. ABDE	46. C	47. C	48. B	49. A	50. ABC
51. BCE	52. C	53. C	54. C	55. C	56. A	57. A	58. C	59. B	60. ABCD
61. A	62. C	63. BCE	64. A	65. B	66. B	67. D	68. BCDE	69. C	70. BDE
71. ACDE	72. C	73. ABDE	74. D	75. C	76. B	77. ABC	78. ACD	79. B	80. D
81. C	82. BD	83. D	84. D	85. C	86. ACDE	87. D	88. A	89. BCDE	90. C
91. BCE	92. C	93. B	94. D	95. ACD	96. AC	97. ABCD	98. D	99. ABDE	100. A
101. ABCD	102. ABCD	103. ABCD	104. D	105. B	106. D	107. BCDE	108. A	109. D	110. ABC
111. D	112. A	113. A	114. ABCD	115. ABCD	116. A	117. D	118. D	119. B	120. BCE
121. AB	122. B	123. B	124. B	125. B	126. D	127. B			

第六章　工程质量验收及保修管理

1. BCDE	2. C	3. A	4. AC	5. B	6. D	7. ABCD	8. ABE	9. ABCD	10. B
11. B	12. A	13. D	14. ABCE	15. C	16. D	17. AD	18. D	19. ABC	20. C
21. B	22. C	23. D	24. A	25. A	26. C	27. C	28. D	29. ABCE	30. BC
31. D	32. ABCD	33. BC	34. ACE	35. D	36. B	37. C	38. B	39. ABD	40. CDE
41. C	42. C	43. D	44. A	45. C	46. C	47. B	48. AC	49. BCDE	50. ACD
51. B	52. ABD	53. CDE	54. D	55. C	56. B	57. D	58. D	59. ABD	60. C
61. B	62. B	63. B	64. B	65. ABC	66. CDE	67. ABCE	68. D	69. CDE	70. ABCE
71. B	72. B	73. ABCE	74. B	75. A	76. D	77. C	78. A	79. D	80. C
81. A	82. B	83. A	84. B	85. B	86. A	87. BCD	88. ABE	89. B	90. D
91. AC	92. ABCD	93. C	94. CDE						

第七章　建设工程质量缺陷及事故

1. D	2. AB	3. BCD	4. CE	5. D	6. B	7. B	8. A	9. C	10. DE
11. D	12. B	13. B	14. ABDE	15. ABDE	16. AC	17. ABDE	18. B	19. D	20. A
21. B	22. B	23. A	24. D	25. B	26. B	27. ADE	28. ABD	29. B	30. B
31. A	32. A	33. ABD	34. D	35. B	36. B	37. D	38. B	39. C	40. D
41. A	42. A	43. C	44. C	45. B	46. ABCD	47. ABCD	48. BCDE	49. A	50. ABC
51. CE	52. ABCD	53. ABCE	54. D	55. C	56. C	57. A	58. ABD	59. ABDE	60. BCDE
61. A	62. C	63. C	64. C	65. ADE	66. A	67. A	68. C	69. B	70. A
71. ABDE									

第八章　设备采购和监造质量控制

1. A	2. B	3. D	4. ABDE	5. ABDE	6. ABCD	7. B	8. B	9. ABDE	10. C
11. D	12. A	13. ACDE	14. B	15. B	16. D	17. A	18. B	19. D	20. B
21. B	22. A	23. A	24. ABCE	25. C	26. ABC	27. ACDE	28. C	29. B	

2024 年模考卷（一）

1. 关于质量数据特征值，下列说法中正确的是（　　）。

A. 算术平均值又称均值，是数据值按大小排列后，位置居中的数值

B. 中位数对于数据的代表性好

C. 极差又称之为标准差或均方差，使用标准差除以算术平均数得到的相对数

D. 变异系数又称之为离散系数，是标准差除以均值所得到的相对数

考点： 质量数据——特征值

答案： D

解析： 选项 A，算术平均值又称均值，是集中趋势下的典型代表。本选项后半句描述的是“中位数”。

选项 B，均值对于数据的代表性好。

选项 C，极差是数据中“最大值与最小值之差”，是用数据变动的幅度来反映其分散状况的特征值。

2. 关于质量数据特征值，下列说法中正确的是（　　）。

A. 样本数为偶数时，中位数是数值大小排序后居中两数的平均值

B. 极差不能反映中间数据分布和波动规律，简单方便，应用广泛

C. 标准偏差大，说明数据分布集中度高，离散程度小，均值对总体样本的代表性好

D. 标准偏差是最常用的反映数据变异程度的特征值

E. 变异系数小，说明分布集中度高，均值对总体样本的代表性好

考点： 质量数据——特征值

答案： ADE

解析： 选项 B，极差尽管使用起来简单方便，但不能反映中间数据分布和波动规律，因此仅适用于小样本。

选项 C，标准偏差是描述数据离散性的特征值，也是最常用的反映数据变异程度的特征值。标准偏差“越小”，说明数据分布集中度高，离散性小，均值对总体样本的代表性好。

3. 施工生产会受到不可避免的偶然性和系统性因素影响，下列说法中正确的有（　　）。

A. 生产人员由于疏忽未按规程操作属于偶然性原因

B. 使用了与设计要求不同的其他规格的材料属于系统性原因

C. 因施工机械正常磨损而带来产品质量差异属于偶然性原因

D. 设计中的安全系数过小属于系统性原因

E. 未经施工技术交底，或施工方法不当，属于偶然性原因

考点：质量数据——波动原因

答案：BCD

解析：质量波动按原因分为两种：偶然性原因和系统性原因。

（1）偶然性原因，是质量在允许范围内的正常波动，是影响质量的“人机料法环”的微小变化。偶然原因的特征表现为：①微小变化；②难以避免；③不可预测；④影响较小。

（2）系统性原因，是行为不规范引发的质量质量异常波动。如：①工人未遵守操作规程；②机械故障或过度磨损；③原材料规格的显著差异。

4. 实际生产中，质量数据波动的偶然性原因的特点是（　　）。

A. 难以避免、难以测量且经济上不值得消除

B. 可能存在，对质量影响很大

C. 质量数据离散较大

D. 原材料质量非正常波动

考点：质量数据——波动原因

答案：A

解析：见第 3 题。

5. 下列关于质量数据分布规律的说法有，正确的是（　　）。

A. 计量数值从泊松分布，计件数值从正态分布，计点数值从二项分布

B. 实践中，偶然因素下的数据，均呈二项分布

C. 样本容量足够大时，其数据分布呈正态分布

D. 泊松分布是最重要、最常见，应用最广泛的数据分布规律

考点：质量数据——分布规律

答案：C

解析：选项 A，口诀：“泊松二项小正太，计点计件和计量”。根据本口诀，计量数值从正态分布，计件数值从二项分布，计点数值从泊松分布。

选项 B，实践中，偶然因素（变化较小）下的数据，呈正态分布。

选项 D，正态分布是最重要、最常见，应用最广泛的数据分布规律。

6. 要使样本的数据能反映总体全貌，样本必须能够代表总体的特性，因此，下列关于抽样检查的说法中，正确的有（　　）。

A. 样本的数据收集应建立在随机抽样的基础上

B. 对总体（所有数据）不进行任何加工的方法，叫做完全随机性的抽样方法

C. 多阶段抽样是将样本分割成不同层次，每层中独立地进行简单随机抽样，目的是为了让数据更具有代表性

D. 分层次随机抽样是将抽样单元按某种次序排列，按照确定的某个规律抽样

E. 当样本数量较大，很难一次抽样时，为了让样本更具代表性，可结合各种单阶段抽样方法，这种方法叫做系统性随机抽样法

考点：样本抽检方法——综合试题

答案：AB

解析：选项 C，描述的是分层随机抽样法。

选项 D，描述的是系统性随机抽样法。

选项 E，描述的是多阶段抽样法。所谓多阶段其本质是“多次”。样本数量较大，为了让样本更具代表性，就需要结合各种单阶段抽样方法“多次”抽样。

7. 某工程，施工单位一次性采购 40t 直径为 25mm 的热轧带肋三级钢筋，钢筋进场后未对其分组，直接进行随机抽样获取样本的方法称为（　　）。

A. 分层抽样　　B. 等距离法抽样

C. 整群抽样　　D. 简单随机抽样

考点：样本抽检方法——简单随机抽样

答案：D

解析：简单随机抽样法，是对总体不进行任何加工，直接随机抽样获取样本的方法。

8. 施工单位采购的 600t 袋装普通硅酸盐水泥分 10 次进场，每次进场 60t。为确保抽检样品的代表性和满足专业验收规范的要求，最合适的随机抽样方法是（　　）。

A. 分层抽样　　B. 等距离法抽样　　C. 简单随机抽样　　D. 多阶段抽样

考点：样本抽检方法——多阶段抽样

答案：D

解析：同一厂家、同一品种、同一代号、同一强度等级、同一批号且连续进场的水泥，袋装不超过 200t 为一批，散装不超过 500t 为一批。

本题中，600t 水泥分 10 次进场，且每次进场 60t，意味着需划分 600/60 = 10（个）检验批，应采用“多阶段抽样”进行见证取样检测。

9. 某施工单位抽取三组砂浆试块做见证取样检测。现场共三台砂浆搅拌机，为保证样品分布的均匀性和代表性，每台搅拌机抽取一组试块，每组三块，一共抽取三组。最合适的随机抽样方法是（　　）法。

A. 分层抽样　　B. 等距离法抽样　　C. 整群抽样　　D. 多阶段抽样

考点：样本抽检方法——分层抽样

答案：A

解析：本题应采用分层抽样法。分层抽样法也叫分组抽样法，是把样本分割成不同层次、分别抽取的方法。本题中，三组砂浆试块作为一个批次，分别在三台搅拌机中抽取。

10. 某产品质量检验采用计数型二次抽样检验方案，已知：$N=1000$，$n_1=40$，$n_2=60$，$C_1=2$，$C_2=4$；经二次抽样检得：$d_1=3$，$d_2=2$，则正确的结论有（　　）。

A. 经第一次抽样检验即可判定该批产品质量合格

B. 经第一次抽样检验即可判定该批产品质量不合格

C. 经第二次抽样检验即可判定该批产品质量不合格

D. 上述方法属于计量型抽样

E. 一次抽样检验涉及 3 个参数，二次抽样检验涉及 5 个参数

考点：样本抽检方案——计数型

答案：CE

解析：计数型抽样方案分为：一次抽样、二次抽样、多次抽样。

选项 A、B，第一次抽样检验结果为“$2<3<4$（$C_1<d_1<C_2$）”，需要进行二次抽检，才能判定其是否合格。

选项 D，本题属于计数型抽样检验。计量型抽样检验本质上是通过“测量”得到数据。

11. 计数标准型二次抽样检验方案为（n_1，C_1；n_2，C_2），n_1 有 d_1 个不合格品，n_2 中有 d_2 个不合格品，则下列情形需要进行二次抽检的情形是（　　）。

A. $d_1=C_1$　　B. $d_1>C_2$　　C. $d_1<C_1$　　D. $C_1<d_1<C_2$

考点：样本抽检方案——计数型

答案：D

解析：选项 A、C，当 $d_1=C_1$ 或 $d_1<C_1$ 时，可直接判定为此次送检合格，无需二次抽检。

选项 B，当 $d_1>C_2$ 时，可直接判定为此次送检不合格，无需二次抽检。

选项 D，只有当 $C_1<d_1<C_2$，才需要进行二次抽检。二次抽检看结果。

①若 $d_1+d_2<C_2$ 或 $d_1+d_2=C_2$，判定为检验合格。

②若 $d_1+d_2>C_2$，判定为检验不合格。

12. 根据抽样检验分类方法，下列数据属于计量型抽样检验的质量数据有（　　）。

A. 几何尺寸　　B. 重量、强度

C. 标高、位移　　D. 机械连接接头的不合格数量

E. 强度

考点：样本抽检方案——计量型

答案：ABCE

解析：抽样检验方法分为：计量型和计数型。

计量型抽样检验是通过“测量”得到质量数据，如几何尺寸、强度、位移、标高、重量。

13. 工程质量抽样检验中，弃真错误的概率为 α，存伪错误的概率为 β，关于两类风险控制的范围下列说法正确的有（　　）。

A. $\beta=1\%\sim5\%$，$\alpha=5\%\sim10\%$

B. $\alpha=1\%\sim5\%$，$\beta=5\%\sim10\%$

C. 将不合格批判定为合格批，属于第二类错误

D. 将合格批判定为不合格批，属于第一类错误

E. 主控项目对应于合格质量水平的 α 和 β 值均不宜超过 10%

考点： 样本抽检风险

答案： BCD

解析： 质量数据抽检风险包括：弃真和存伪。

（1）弃真（α）：将合格品判定为不合格品。

（2）存伪（β）：将不合格品判定为合格品。

（3）控制区间：α 一般为 1% ~5%；β 一般为 5% ~10%。

主控项目：α 和 β 均不宜超过 5%。

一般项目：α 一般不宜超过 5%；β 一般不宜超过 10%。

14. 工程质量统计分析方法包括分层法、调查表法、排列图法、直方图法、控制图法、因果分析图法和相关图法七类。下列关于调查表说法中，错误的是（　　）。

A. 利用统计表对质量数据进行收集、整理和粗略分析质量状态的方法，称之为调查表法

B. 调查表法应采用固定格式，不能根据需要和具体情况设计

C. 常用的调查表包括：施工质量检查评定调查表、分项工程作业质量分部调查表、不合格项目调查表及不合格原因调查表

D. 调查表往往同分层法方法结合起来应用

考点： 质量统计分析方法——调查表法

答案： B

解析： 选项 B，调查表法简便灵活，便于整理，实用有效。它没有固定格式，可根据需要和具体情况，设计出不同的统计调查表。

15. 调查表法，是利用统计表对质量数据进行收集、整理和粗略分析质量状态的方法，常用的调查表包括（　　）。

A. 施工质量检查评定调查表　　B. 分项工程作业质量分布调查表

C. 不合格项目调查表　　D. 不合格原因调查表

E. 检验批作业质量分布调查表

考点： 质量统计分析方法——调查表法

答案： ABCD

解析： 常用的调查表可分为“分项评定不合格”：①分项工程作业质量分布调查表；②施工质量检查评定调查表；③不合格项目调查表；④不合格原因调查表。

16. 工程质量统计分析方法中，根据不同的目的和要求将调查收集的原始数据，按某一性质进行分组、整理，分析产品存在的质量问题和影响因素的方法是（　　）。

A. 调查表法　　B. 分层法　　C. 排列图法　　D. 控制图法

考点： 质量统计分析方法——分层法

答案： B

解析： 分层法是质量统计分析最基本的方法，是将数据根据不同目的和要求按某一性质进行分组、整理的分析方法。其他统计方法（如排列图、直方图法……）通常与分层法结合使用。

17. 关于因果分析图法，下列说法中正确的有（　　）。

A. 因果分析图法是分析两种质量因素之间的相关性的方法

B. 要求绘制者熟悉专业施工方法技术

C. 需要各方各抒已见，相互启发

D. 要求绘制者调查、了解施工现场实际条件和操作的具体情况

E. 是一种分析影响质量问题主次因素的方法

考点： 质量统计分析方法——因果分析图法

答案： BCD

解析： 选项 A，因果分析图法是分析某个质量问题（结果）与其产生原因之间关系的工具。本选项描述的是相关图法。

选项 E，因果分析图分析的是“因果关系”。

18. 排列图是质量管理的重要工具之一，下列说法中正确的是（　　）。

A. 排列图法是表达分析两组数据之间对应关系的方法

B. 将数据由小到大排列并计算累计频率，可划分主要因素、次要因素和一般因素

C. 主要因素、次要因素、一般因素分别用 A、B、C 表示，0% ~80% 为 A 类因素，80% ~90% 为 B 类因素，90% ~100% 为 C 类因素

D. 累计频率区间为 69% 的因素，为主要因素；累计频率区间为 96% 的属于次要因素

考点： 质量统计分析方法——排列图法

答案： C

解析： 选项 A 错误，排列图法，是寻找影响质量“主次因素”的方法。

选项 B 错误，排列图法是将数据“由大到小”排列并计算累计频率，可划分主要因素、次要因素和一般因素。

选项 C 正确、选项 D 错误，排列图法按主次因素分为：A 类（主要因素）0 ~80%；B 类（次要因素）80% ~90%；C 类（一般因素）90% ~100%。

19. 排列图是一种常见的质量控制统计分析方法，它可用于（　　）。

A. 分析造成质量问题的薄弱环节，寻找不合格品最多的关键过程

B. 掌握质量数据的分布规律，评价生产过程的能力

C. 比较各单位技术、质量管理水平

D. 估算施工过程不合格品率，评价实际生产过程能力

E. 找出生产不合格最多的关键过程，分析质量控制措施的有效性

考点：质量统计分析方法——排列图法

答案：ACE

解析：选项 B 和 D 属于直方图的作用。

20. 直方图是质量管理的重要工具之一，下列说法中正确的有（　　）。

A. 直方图是描述质量波动状态的方法

B. 采用直方图可以根据产品质量波动情况，掌握质量特性分布规律；再通过估算施工过程不合格品率，评价实际生产过程能力

C. 折齿型直方图是两种数据混在一起的结果，双峰型直方图则是分组或组距不当导致的

D. 孤岛型直方图和绝壁型直方图都是数据失真的结果，如人为去掉下限数据

E. 正常直方图呈正态分布，缓坡型则是对上下限数据控制偏严导致的

考点：质量统计分析方法——综合统计分析方法

答案：BE

解析：选项 A，直方图是描述质量分布状态的一种分析方法。

选项 C，折齿型直方图是由于分组不当、组数不当，或组距确定不当造成的。双峰型直方图是把两方面的数据数据“混在一起整理分析”所导致的。如两个班组、两台设备、两种方法的数据混在一起。

选项 D，孤岛型直方图是样本发生较大变化导致的。如原材料类别变化，或他人顶班作业。绝壁型直方图才是数据收集不正常，如故意去掉下限以下数据，或检测中人为导致。

21. 采用直方图法进行工程质量统计分析时，可以实现的目的有（　　）。

A. 掌握质量特性的分布规律

B. 了解生产过程中的质量波动情况

C. 分析生产状态是否稳定

D. 估算施工过程总体不合格品率

E. 评价实际生产过程能力

考点：质量统计分析方法——直方图法

答案：ABDE

解析：直方图是描述质量分布状态的方法。可用于：①了解产品质量波动情况；②掌握质量特性分布规律；③估算施工中不合格品率；④评价实际生产过程能力。

22. 控制图按用途分为分析用控制图和管理用控制图，管理用控制图(　　)。

A. 可以用来控制生产过程

B. 可以用来控制质量成本

C. 可以找出质量问题的原因

D. 是静态的

考点：质量统计分析方法——控制图法

答案：A

解析：控制图是用来描述质量波动状态是否稳定。控制图分为分析控制图和管理控制图，是 7 大分析方法中唯一一个动态分析法。管理用控制图可以用来控制生产过程。

23. 控制图法也叫管理图法，是质量管理的重要工具之一。关于控制图法下列说法中正

确的有（　　）。

A. 控制图法是一种动态控制方法，主要描述质量波动状态是否稳定

B. 控制图法分为分析控制图和管理控制图，前者主要用来分析，后者主要用来控制

C. 采用分析控制图法分析时，一般需连续抽取 25 ~ 35 组样本数据

D. 点子几乎全部落在上下界限内，则表示生产过程正常处于稳定状态，无产生不合格品

E. 点子几乎全部落在上下界限内，应同时满足连续 25 点以上处于控制界限内，连续 35 点不超过 2 点超出控制界限以及连续 100 点不超过 5 点超出控制界限

考点： 质量统计分析方法——控制图法

答案： AB

解析： 选项 C，采用分析控制图法分析时，一般需连续抽取 20 ~ 25 组样本数据。

选项 D，除了点子几乎全部落在上下界限内，还需要点子排列没有缺陷，则表示生产过程正常处于稳定状态。

选项 E，“25、35、100，0 点、1 点和 2 点”——点子几乎全部落在上下界限内，应同时满足：①连续 25 点以上处于控制界限内；②连续 35 点 ≤1 点超出控制界限；③连续 100 点 ≤2 点超出控制界限。

24. 下列关于控制图点子排列异常状态的说法中，正确的有（　　）。

A. 中心线一侧出现 6 点链则视为异常

B. 多点同侧是指连续 11 点中 10 点同侧，连续 14 点中 12 点同侧，连续 17 点中 14 点同侧，连续 20 点中 15 点同侧

C. 趋势或倾向是指连续 7 点上升或下降

D. 连续 3 点 2 点接近控制界限、7 点有 3 点接近控制界限、10 点 4 点接近控制界限时可判定为异常

E. 点子出现周期性变化，即便所有点子都处于控制界限内，也属于异常状态

考点： 质量统计分析方法

答案： CDE

解析： 选项 A，中心线一侧出现 5 点要警示，6 点要调查，7 点为异常。

选项 B，多点同侧中，连续 20 点中 16 点同侧。

25. 下列关于桩基承载力试验的说法中，正确的有（　　）。

A. 同一条件下试桩数不宜少于总桩数的 3%，且不少于 5 根

B. 同一条件下试桩数不宜少于总桩数的 1%，且不少于 3 根

C. 当总桩数少于 50 根时，不应少于 2 根

D. 当总桩数少于 50 根时，不应少于 1 根

E. 采用高应变法进行桩基工程单桩动测试验时，检测数量不应小于总桩数的 5%，且不少于 5 根

考点：专业质量抽检——地基基础工程检测试验

答案：BCE

解析：口诀："静载 13502，5 福临门高应变"。

《建筑地基基础工程施工质量验收标准》（GB 50202—2002）5.1.6　设计等级为甲级或地质条件复杂时，应采用静载试验的方法对桩基承载力进行检验，检验桩数不应少于总桩数的 1%，且不应少于 3 根，当总桩数少于 50 根时，不应少于 2 根。

《建筑基桩检测技术规范》（JGJ 106—2014）10.2.16　对预制桩和满足高应变法适用检测范围的灌注桩，当有静载对比试验时，可采用高应变法检测单桩竖向抗压承载力，检测数量不宜少于总桩数的 5%，且不得少于 5 根。

26. 钢材、水泥进场时，应按相关标准进行检验，检验内容不包括（　　）。

A. 产品合格证　　B. 出厂检验报告

C. 进场复验报告　　D. 进出场通行证

考点：专业质量抽检——混凝土结构检测试验

答案：D

解析：钢材、水泥进场时，进场检验的内容包括：①产品合格证；②出厂检测报告；③进场复验报告。

27. 根据《混凝土结构工程施工质量验收规范》（GB 50007—2011），下列关于钢筋验收说法中正确的有（　　）。

A. 钢材、水泥进场时，进场检验的内容包括产品合格证、出厂检测报告和进场复试报告

B. 钢筋力学性能指标中，主要力学性能试验是指拉力试验和弯曲性能试验

C. 钢筋拉力试验检验指标包括：屈服强度、抗拉强度、伸长率和冷弯性能

D. 同一规格的钢绞线每批不得大于 6t，应从每批钢绞线中任选 3 盘取样送检

E. 抗震钢筋，除满足常规力学性能外，还应满足强屈比不小于 1.25，超屈比不超过 1.3 和最大力下总伸长率不小于 9% 的要求

考点：专业质量抽检——混凝土结构检测试验

答案：ABE

解析：选项 C，钢筋力学性能包括：拉力试验和弯曲性能试验。

（1）拉力试验：屈服强度；抗拉强度；伸长率。

（2）弯曲性能：冷弯试验；反复弯折试验。

必要时，还应进行化学性能分析。

选项 D，同一规格的钢绞线每批不得大于 60t，应从每批钢绞线中任选 3 盘取样送检。

28. 下列方法中，属于混凝土结构实体强度检测方法的有（　　）。

A. 超声回弹综合法　　B. 取芯法

C. 回弹仪法　　D. 超声波对测法

E. 后装拔出法

考点：专业质量抽检混凝土结构检测试验

答案：ABDE

解析：属于混凝土结构实体强度检测的方法包括：（口诀："后装钻芯双回弹"）——①后装拔出法；②取芯法；③超声波对测法；④超声回弹综合法。

29. 某组砂浆立方体抗压强度试件测量值分别为 11. 5MPa、12. 6MPa、9. 7MPa 时，该组试件的试验结果是（　　）。

A. 11. 5MPa　　B. 11. 3MPa　　C. 9. 7MPa　　D. 无效

考点：专业质量抽检——砌体结构检测试验

答案：A

解析：根据《混凝土强度检验评定标准》（GB/T 50107—2010）4. 3. 1　每组混凝土试件强度代表值的确定，应符合下列规定：

（1）取 3 个试件强度的算术平均值作为每组试件的强度代表值。

（2）当一组试件中强度的最大值或最小值与中间值之差超过中间值的 15% 时，取中间值作为该组试件的强度代表值。

（3）当一组试件中强度的最大值和最小值与中间值之差均超过中间值的 15% 时，该组试件的强度不应作为评定的依据。

11. 5 ×0. 15 =1. 73（MPa）；

11. 5 −9. 7 =1. 8（MPa）>1. 73（MPa）；

12. 6 −11. 5 =1. 1（MPa）<1. 73（MPa）。

取 11. 5MPa 作为改组试块平均强度值。

30. 钢结构涂装时，若采用厚涂型防火涂料，下列说法中正确的是（　　）。

A. 70% 以上的面积应符合耐火极限要求，且薄处厚度应不小于设计要求的 80%

B. 80% 以上的面积应符合耐火极限要求，且薄处厚度应不小于设计要求的 80%

C. 85% 以上的面积应符合耐火极限要求，且薄处厚度应不小于设计要求的 85%

D. 80% 以上的面积应符合耐火极限要求，且薄处厚度应不小于设计要求的 85%

考点：专业质量抽检——钢结构检测试验

答案：D

解析：根据《钢结构工程施工质量验收标准》（GB 50205—2020）13. 4. 3　采用厚涂型防火涂料涂装时，80% 及以上涂层面积应满足国家现行标准有关耐火极限的要求，且最薄处厚度不应低于设计要求的 85%。

31. 关于钢结构高强螺栓摩擦面抗滑移系数试验，下列说法中正确的有（　　）。

A. 每 2000t 作为一个检验批

B. 不足 2000t 视为一个检验批

C. 选用两种及以上工艺试验，每种工艺单独检验

D. 每批次 3 组试件

E. 每批次 1 组试件

考点：专业质量抽检——钢结构检测试验

答案：ABCD

解析：关于钢结构高强螺栓摩擦面抗滑移系数试验，应满足下列要求：

（1）每 2000t 为一个检验批。

（2）不足 2000t 视为一个检验批。

（3）选用两种及以上工艺试验，每种工艺单独检验。

（4）每批次 3 组试件。

32. 根据《钢结构工程施工质量验收标准》（GB 50205—2020），关于钢结构构造检测项包括（　　）。

A. 杆件长细比

B. 支撑体系连接

C. 支撑体系构件尺寸

D. 构件截面宽厚比

E. 构件抗拉强度

答案：ABCD

解析：钢结构的构造检测项目包括“长宽连接看尺寸”：①杆件长细比。②构件截面宽厚比。③支撑体系连接。④支撑体系构件尺寸。

构件抗拉强度不属于构造检测项目。

B. 承包单位对建设单位给定的原始基准点、基准线和标高的复核结果应报监理单位审核

C. 监理机构应重点审查测量依据、测量人员资格证书和测量成果

D. 专业监理工程应重点复核工程测量规范、设备鉴定证书、平面及高程控制网等内容

考点： 施工准备阶段质量控制——施工测量放线

答案： D

解析： 施工测量放线成果的审核包括“平面控制高程点，测量人员设备检”：

(1) 平面控制网的测量成果。

(2) 控制桩的保护措施。

(3) 高程控制网的测量成果。

(4) 水准点的测量成果。

(5) 测量人员的资格证书。

(6) 测量设备的检定证书。

12. 项目监理机构对施工单位提供的实验室进行检查的内容有（　　）。

A. 实验室的资质等级

B. 实验室的试验范围

C. 实验室的性质和规模

D. 实验室的管理制度

E. 实验人员的资格证书

考点： 施工准备阶段质量控制——实验室资格审查

答案： ABDE

解析： 对施工单位对实验室进行检查的内容包括“证书范围等级制”：

(1) 实验室的资质等级。

(2) 实验室的试验范围。

(3) 实验设备的计量检定证明。

(4) 实验室的管理制度。

(5) 实验人员的资格证书。

13. 监理人对建筑材料、工程设备的质量控制，下列说法中正确的有（　　）。

A. 监理机构应重点审查：出厂合格证、质量检验报告、性能检测报告、施工单位质量抽检报告以及质量验收标准等质量证明文件

B. 经检验不合格的工程材料，监理机构应要求施工单位将该批材料限期撤出施工现场

C. 进口材料、构（配）件和设备，除常规质量证明文件外，施工单位还应向总监理工程师报送进口商检证明文件

D. 进口材料、设备，监理人应会同施工单位、建设单位、安装单位进行联合检查验收

E. 进口材料的联合检查验收，应由施工单位提出，监理单位组织，建设单位主持

考点： 施工准备阶段质量控制——工程材料

答案： BE

解析： 选项 A，工程材料质量证明文件包括：①出厂合格证；②质量检验报告；③性能检测报告；④质量抽检报告。质量验收标准不属于质量证明文件。

选项 C，无论是国产还是进口材料、设备、构（配）件，均应由"专业监理工程师"进行管理。

选项 D，进口材料、设备，监理人应会同"施工单位、建设单位、供货单位"进行联合检查验收。

14. 关于监理人对建筑材料、工程设备的质量控制，下列说法中错误的是（　　）。

A. 原材料、半成品、构（配）件进场，应由专业监理工程师进行检查合格后，方可使用

B. 检查内容包括外观质量和质量证明文件

C. 外观质量包括尺寸、规格、型号、产品标志、包装和性能

D. 外观质量必须符合设计、规范、合同的要求

考点： 施工准备阶段质量控制——工程材料

答案： C

解析： 外观质量不包括产品性能，性能属于产品的内在质量。

15. 对于永久工程采用的"新材料、新设备"，应核查（　　）等内容。

A. 有关部门的鉴定证书　　B. 工程应用证明材料

C. 实际考察报告　　D. 专题论证资料

E. 强制性标准的符合情况

考点： 施工准备阶段质量控制——工程材料

答案： ABCD

解析： "新材料、新设备"，应核查：①有关部门的鉴定证书；②工程应用证明材料；③实际考察报告；④专题论证资料。"四新工程"无需审查强制性标准的符合情况。

16. 关于监理人对工程材料和设备的质量控制，下列说法中正确的有（　　）。

A. 专业监理工程师应参加由建设单位组织的对施工单位采购工程材料、设备的考察，并提出考察意见

B. 建设单位采购的设备进场后，专业监理工程师应会同设备安装单位、供货单位开箱检验，且应符合设计文件、订货合同和相关规范的要求

C. 工程设备验收前，安装单位应向监理机构提交《设备验收方案》

D. 设备验收方案包括：验收方法、质量标准、验收依据、验收结果

E. 设备安装单位提交的验收方案经总监理工程师审查同意后实施

考点： 施工准备阶段质量控制——工程材料

答案： AC

解析： 选项B，建设单位买的的设备进场后，“建设、施工、监理”三方开箱检查，且应符合“设计文件、订货合同和相关规范”的要求。

选项D，设备验收方案是在验收前提交给监理机构的，不可能有验收结果。

选项E，设备安装单位提交的验收方案经“专业监理工程师”审查同意后实施。

17. 工程项目监理机构对签发工程开工报审表的情形，下列说法中正确的有（　　）。

A. 总监理工程师应在工程开工日期14天前向施工单位发出工程开工令

B. 工程施工工期应自工程开工报审表中载明的开工日期起计算

C. 审查施工组织设计是否已由监理工程师签认

D. 审查施工单位的管理及施工人员是否已到位

E. 施工机械是否已具备使用条件和现场质量安全生产管理体系是否已建立

考点： 施工准备阶段质量控制——工程材料

答案： DE

解析： 选项A，总监理工程师应在工程开工日期7天前向施工单位发出工程开工令。

选项B，工程施工工期应自“工程开工令”中载明的开工日期起计算。

选项C，应审查施工组织设计是否已由“总监理工程师”签认。

18. 根据《建设工程监理规范》（GB/T 50319—2013），项目监理机构针对工程施工质量进行巡视的内容有（　　）。

A. 按设计文件、工程建设标准、施工组织设计和施工方案施工的情况

B. 工程施工质量专题会议召开情况

C. 使用工程材料、构（配）件的合格情况

D. 施工现场管理人员到位情况和特种作业人员持证上岗情况

E. “四新工程”现场实际应用情况

考点： 施工过程质量控制——巡视

答案： ACD

解析： 监理机构现场质量巡视的内容包括“材料施工两人员”。

(1) 是否按设计文件、工程标准、施工组织设计、施工（专项）方案施工。

(2) 使用的工程材料、构（配）件和设备是否合格。

(3) 施工现场管理人员是否到位。

(4) 特种作业人员是否持证上岗。

19. 根据《建筑施工特种作业人员管理规定》，下列（　　）属于特种作业人员，必须持特种作业人员操作资格证书。

A. 电工、焊工　　B. 架子工

C. 起重信号工、起重机械司机　　D. 起重机械安装拆卸工

E. 高处作业吊篮安装拆卸工

考点： 施工过程质量控制——巡视

答案： BCDE

解析： 根据《建筑施工特种作业人员管理规定》，特种作业人员包括“电架吊篮三起重”——电工；架子工；高处作业吊篮安装拆卸工；起重机械安装拆卸工；起重信号工；起重机械司机。

焊工实际上也属于特种作业人员，但《建设工程质量管理条例》和《建筑施工特种作业人员管理规定》中都未说明，考试时不能选。

20. 根据《建设工程监理规范》（GB/T 50319—2013），下列关于旁站的说法中正确的有（　　）。

A. 监理机构应根据法律、法规和强制性标准，确定旁站的关键部位和关键工序

B. 应检查施工单位现场质检人员到岗情况和特种作业人员持证上岗情况

C. 应现场监督关键部位的施工方案、强制性标准、技术规范等的执行情况

D. 应查验材料的准备情况、进场材料的质量检验报告和进场复试报告

E. 现场监督施工单位安全技术交底

考点： 施工过程质量控制——旁站

答案： BCD

解析： 选项 A，监理机构应根据“工程特点和施工组织设计”确定旁站的关键部位和关键工序。

选项 E，旁站，仅仅是针对“质量”的一种监理手段，且技术交底不需要现场监理。

21. 监理工程师应根据（　　）对施工质量进行平行检验。

A. 监理合同　　B. 承包合同　　C. 专业要求　　D. 工程特点

E. 工程规模

考点： 施工过程质量控制——平行检验

答案： ACD

解析： 监理机构应根据①工程特点、②专业要求、③工程监理合同约定，对施工质量进行平行检验。

22. 关于见证取样过程的要求，下列说法中正确的有（　　）。

A. 见证取样检测的实验室一般由建设单位指定，对承包单位提出的见证取样送检的实验室，监理工程师应实地考察

B. 施工方取样完成后应通知负责见证取样的监理人员进行封志和送检

C. 标识和封志上应注明工程名称、取样日期、取样部位、样品名称和样品数量等信息，并由见证人和取样人签字确认

D. 见证人一般由监理人员经培训考核合格担任，取样员由实验室人员或质检员担任

E. 检测报告由施工单位和监理机构分别归档保存，作为工序质量评定的重要依据

考点： 施工过程质量控制的——见证取样

答案：CDE

解析：选项A，见证取样检测的实验室，是由建设单位“委托”具有相应资质的法定检测机构。

选项B，监理人员只负责见证“试样制取、封样、送样”等全过程，具体工作应由施工单位完成。

23. 下列关于工程变更的说法中正确的有（　　）。

A. 总监理工程师应组织专业监理工程师审查工程变更申请，提出审查意见

B. 涉及设计变更的，由建设单位转交修改后的设计变更文件

C. 总监理工程师应组织专业监理工程，对工程变更费用及工期影响作出评估

D. 专业监理工程师组织建设单位、施工单位共同协商确定工程变更费用及工期变化，并会签工程变更单

E. 监理机构根据批准的工程变更文件，监督施工单位实施工程变更

考点：施工过程质量控制——工程变更

答案：ABCE

解析：选项D，应由“总监理工程师”组织建设单位、施工单位共同协商确定工程变更费用及工期变化，并会签工程变更单。

24. 施工单位实施工程质量控制活动中，下列不属于质量记录资料的有（　　）。

A. 施工现场质量管理检查记录　　B. 工程有关合同文件评审记录

C. 施工过程作业活动质量记录　　D. 工程材料质量记录

考点：施工过程质量控制——施工质量控制资料

答案：B

解析：工程质量记录资料包括“管理、作业和材料”三大类。

“质量记录分前中，客观选择有技巧，管理资料施工前，作业资料施工中，材料进场前后看——合格检验维修证”。

（1）施工现场质量“管理”检查记录【施工前】。

（2）施工过程“作业”活动质量记录【施工中】。

（3）工程材料质量记录【材料】。

25. 根据施工质量验收的基本规定，施工单位提交给总监理工程师的《现场质量管理检查记录》中应包括的检查内容有（　　）。

A. 施工技术标准、现场质量管理制度、分包单位资质

B. 主要专业工种操作上岗证书、现场材料、设备存放及管理资料

C. 地质勘察资料、施工组织设计

D. 材设、构（配）件的质量证明资料

E. 通知、检查、验收、处理资料

考点：施工过程质量控制——施工质量控制资料

答案： ABC

解析： 选项 D 属于工程材料质量记录，选项 E 属于施工过程作业活动质量记录。

26. 根据《建设工程监理规范》（GB/T 50319—2013），下列施工单位报审表中，需要总监理工程师签字并加盖执业印章的有（　　）。

A. 监理通知单　　B. 施工组织设计、（专项）施工方案报审表

C. 工程开工令、复工令、暂停令　　D. 工程开工报审表

E. 单位工程竣工验收报审表

考点： 监理资料及监理表格

答案： BDE

解析： 选项 C 为强干扰，选项 C 不属于报审表。下列监理表格需要由监理人签字并加盖执业印章。

根据《建设工程监理规范》（GB/T 50319—2013），需由总监理工程师签字、加盖执业印章的表格	
A 类：监理单位用表	工程开工令
	工程暂停令
	工程复工令
	工程款支付证书
B 类：施工单位用表	工程款支付报审表
	费用索赔报审表
	工程临时或最终延期报告
	工程开工报审表
	单位工程竣工验收报审表
	施工组织或施工（专项）方案报审表

27. 施工组织设计专项施工方案报审表的附件包括（　　）。

A. 施工组织设计　　B. 专项施工方案

C. 施工方案　　D. 材料、设备成本

E. 隐蔽工程报审表

考点： 监理资料及监理表格

答案： ABC

解析： 谜底藏在谜面上——《施工组织设计/（专项）施工方案报审表》中包括“三小附件”：①施工组织设计；②专项施工方案；③施工方案。

28. 根据《建设工程监理规范》（GB/T 50319—2013），下列工程资料中，需要建设单位签署审批意见的有（　　）。

A. 开工报审表

B. 施工组织设计

C. 工程暂停令

之一时，可不进行轻型动力触探（“冒水涌砂没必要”）：

（1）承压水头可能高于基坑底面标高，触探可造成冒水涌砂时。

（2）基坑持力层为砾石层或卵石层，且基底以下砾石层和卵石层厚度大于 1m 时。

（3）基础持力层为均匀、密实砂层，且基底以下厚度大于 1.5m 时。

34. 根据《工程质量安全手册（试行）》不属于复合地基施工结束后检测项目的是（　　）。

A. 桩身强度

B. 桩体密实度

C. 桩位、桩顶标高

D. 钻头提升速度、桩底沉渣厚度

考点：实体质量控制——土石方工程

答案：D

解析：根据《工程质量安全手册（试行）》复合地基施工结束后，应检测：①桩位；②桩顶标高；③桩身强度；④桩体密实度。

35. 根据《工程质量安全手册（试行）》，下列关于地基处理的说法中，不正确的是（　　）。

A. 预压地基、注浆地基、强夯地基除进行地基承载力检验外，还应采用原位试验进行地基强度检验

B. 地基承载力和地基强度的检验结果不应小于设计值的 1.15 倍

C. 地基承载力和地基强度的检验结果不应小于设计值

D. 应采用静载试验对单桩与复合地基承载力进行检验

考点：实体质量控制——土石方工程

答案：B

解析：根据《工程质量安全手册（试行）》，地基承载力和地基强度的检验结果不应小于设计值。

36. 关于箍筋弯钩的说法，下列说法中不正确的是（　　）。

A. 一般结构构件，箍筋弯折角度不应小于 90°

B. 有抗震设防要求的箍筋弯钩弯折角度不应小于 135°

C. 圆形箍筋两末端均应做不小于 135°的弯钩

D. 抗震设防烈度为 8°以下的结构，箍筋末端可做 90°弯钩

考点：实体质量控制——现浇混凝土结构工程

答案：D

解析：《混凝土结构工程施工规范》（GB 50666—2011）5.3.6　箍筋、拉筋的末端应按设计要求作弯钩，并应符合下列规定：

（1）一般结构件，箍筋弯钩弯折角度不应小于 90°，弯折后平直段长度不应小于箍筋直径的 5 倍。

（2）有抗震设防要求或设计有专门要求的结构构件，箍筋弯钩的弯折角度不应小于 135°，弯折后平直段长度不应小于箍筋直径的 10 倍和 75mm 两者之中的较大值。

37. 根据《工程质量安全手册（试行)》，下列后浇带、施工缝说法中不正确的是（　　）。

A. 后浇带的留设应垂直于结构构件和纵向受力钢筋

B. 后浇带、施工缝的结合面应为粗糙面

C. 后浇带、施工缝处混凝土满足设计要求即可

D. 有防水要求的大体积底板与侧墙交接的施工缝处，应采用止水钢板处理

考点： 实体质量控制——现浇混凝土结构工程

答案： C

解析： 根据《工程质量安全手册（试行)》，后浇带、施工缝处采用强度高一级混凝土浇筑。

38. 结构实体检验的项目不包括（　　）。

A. 混凝土强度　　B. 钢筋最小保护层厚度

C. 结构位置结构尺寸偏差　　D. 钢筋化学性能分析

考点： 实体质量控制——现浇混凝土结构工程

答案： D

解析：《混凝土结构工程施工质量验收规范》（GB 50204—2015）10.1.1　对涉及混凝土结构安全的有代表性的部位应进行结构实体检验。结构实体检验应包括混凝土强度、钢筋保护层厚度、结构位置与尺寸偏差、合同约定的项目。

39. 根据《工程质量安全手册（试行)》，下列关于防水工程的说法中，错误的是(　　)。

A. 混凝土运输过程中如果出现分层离析，必须加水搅拌

B. 坍落度损失不能满足施工要求时，加入原水胶比的水泥浆或同品种减水剂进行搅拌

C. 水泥砂浆防水层平均厚度应符合设计要求，最小厚度应大于或等于设计厚度的 85%

D. 浴室墙面防水层不得低于 1800mm

考点： 实体质量控制——防水工程

答案： A

解析： 根据《工程质量安全手册（试行)》，混凝土严禁直接加水。运输过程中如果出现分层离析，必须“二次搅拌”。

40. 混凝土原材料质量过程中，关于水泥的抽检，下列说法中正确的是（　　）。

A. 钢筋混凝土结构、预应力结构中严禁使用含有氯化物的水泥

B. 散装水泥进场后，每 200t 作为一个抽检批次

C. 散装水泥进场后，从罐车相同部位取不少于 12kg 的水泥试样

D. 水泥的检验项目包括凝结时间、安定性、强度

考点： 实体质量控制——土石方工程

答案： A

解析： 选项 B，水泥抽样，袋装水泥为 200t/批次；散装水泥为 500t/批次。

选项 C，散装水泥进场后，从罐车“不同部位”取不少于 12kg 的水泥试样。

选项 D，水泥检验项目除了凝结时间、安定性、强度外，还包括“细度”。

2024 年模考卷（三）

1.《建筑工程施工质量验收统一标准》（GB 50300—2013）中，要求施工现场质量管理应有（　　）。

A. 完善的检测手段

B. 相应的施工技术标准

C. 施工质量检验制度

D. 健全的质量管理体系

E. 综合施工质量水平评定考核制度

考点： 工程质量验收总述

答案： BCDE

解析：《建筑工程施工质量验收统一标准》（GB 50300—2013）3.0.1　施工现场应具有：①健全的质量管理体系；②相应的施工技术标准；③施工质量检验制度；④综合施工质量水平评定考核制度。

2. 根据《建筑工程施工质量验收统一标准》（GB 50300—2013），建筑物空间结构划分，下列正确的是（　　）。

A. 子单位工程是具备独立施工条件并能形成独立使用功能的建筑物或构筑物

B. 分部工程按照专业性质和施工系统来划分

C. 分项工程按照工种、工艺、材料种类和施工特点划分

D. 室外工程包括室外设施和附属建筑及室外环境两大单位工程

考点： 工程质量验收划分标准

答案： D

解析： 选项 A，单位工程满足"双独要求"，即独立的使用功能和独立的施工条件。而子单位工程只需满足"单独要求"——只具备独立的使用功能。

选项 B，分部工程应该按照"工程部位"和"专业性质"来划分。如地基基础、主体结构、屋面工程、装饰装修是按"部位"划分的；电梯工程、电气安装、通风与空调、给水排水及供暖、智能化建筑、节能工程是按"专业"划分的。

选项 C，分项工程应按照"工种、工艺、材料、设备"划分，子分部工程按"材料种类、施工特点、专业系统、施工程序"划分。

3. 根据《建筑工程施工质量验收统一标准》（GB 50300—2013），下列关于检验批的说法正确的有（　　）。

A. 附录 B 及相关专业验收规范未涵盖的分项工程，施工单位组织相关单位协商确定

B. 检验批作为最小的验收单元，其划分方案应由项目经理部审核

C. 分项工程可根据工程量、楼层、施工段、变形缝划分为若干个检验批

D. 安装工程检验批可按设计系统及组别来划分

E. 屋面工程按楼层划分检验批；地面工程可按散水、明沟和台阶来划分检验批

考点：工程质量验收划分标准

答案：CDE

解析：选项 A，附录 B 及相关专业验收规范未涵盖的分项工程，可由建设单位组织相关单位协商确定。

选项 B，检验批作为最小的验收单元，其划分方案应由“监理机构”审核。

4. 根据《建筑工程施工质量验收统一标准》（GB 50300—2013），关于质量验收程序及标准下列说法正确的有（　　）。

A. 符合专业验收规范规定，试验数量的调整实施方案，以及同一项目重复利用同一检验成果的实施方案需报监理机构审核确认

B. 涉及安全、节能、环境保护等项目的专项验收要求，应由建设单位组织专家论证

C. 施工过程中，检验批由专业监理工程师组织，专业技术负责人参加

D. 检验批的验收内容包括资料检查、主控项目和一般项目

E. 检验批资料检查内容包括质量验收记录和施工操作依据，主控项目抽样检测均合格，一般项目的合格率应满足国家标准的要求，且无严重缺陷

考点：工程质量验收合格标准

答案：ABD

解析：选项 C，检验批应由专业监理工程师组织，项目工长和质检员参加。分项工程属于“纯资料验收”，应由专业技术负责人参加。

选项 E，一般项目的合格率应满足“相关专业验收规范”的要求，且无严重缺陷。

5. 根据《建筑工程施工质量验收统一标准》（GB 50300—2013），关于质量验收程序及标准下列说法正确的是（　　）。

A. 质量控制资料反映检验批从原材料到各工序的质量管理制度、施工操作依据、质量检验情况

B. 检验批质量验收记录应由总监理工程师填写验收结论并签字认可

C. 分项工程质量验收时，专业监理工程师应对施工单位所报资料逐项进行审查

D. 地基基础工程由总监理工程师组织验收，勘察、设计项目负责人以及质监站参加

E. 对于观感质量有要求的工程验收包括子分部工程、分项工程和子单位工程

考点：工程质量验收合格标准

答案：AC

解析：选项 B，检验批质量验收记录应由“专业监理工程师”填写验收结论并签字认可。

C. 经返修或加固处理的实体工程满足安全及使用功能要求时，可直接予以验收

D. 经返工或返修的检验批，应重新组织验收

考点：工程质量验收不合格处理程序

答案：D

解析：选项 A，经有资质的检测机构检测鉴定能够达到设计要求的，该检验批应予验收。

选项 B，经原设计单位核算认可能够满足安全和使用功能的检验批，可予以验收。

选项 C，经返修或加固处理的实体工程满足安全及使用功能要求时，可按《技术处理方案》和《协商文件》的要求予以验收。

12. 工程保修阶段监理单位的工作有（　　）。

A. 协调联系　　B. 定期回访　　C. 界定责任　　D. 检查验收

E. 资料归档

考点：工程质量保修——保修责任

答案：ABCD

13. 建设工程保修期内出现的质量问题，属于施工单位保修责任的是（　　）。

A. 建设单位负责采购的空调设备出现故障

B. 业主误砸承重墙

C. 运输公司货车撞裂建筑墙体

D. 不可抗力造成的质量缺陷

考点：工程质量保修——保修责任

答案：A

解析：下列情况不属于规定的施工单位保修范围：因使用不当；第三方造成的质量缺陷；不可抗力造成的质量缺陷。

14. 在正常使用条件下，关于房屋建筑最低保修期限下列说法正确的是（　　）。

A. 地基基础和主体结构为 50 年　　B. 屋面工程和电气安装工程为 5 年

C. 装修工程和给水排水管道工程为 2 年　　D. 节能工程和供热、供冷工程为 5 年

考点：工程质量保修——保修期限

答案：C

解析：《建设工程质量管理条例》第四十条　在正常使用条件下，建设工程的最低保修期限为：

（1）基础设施工程、房屋建筑的地基基础工程和主体结构工程，为设计文件规定的该工程的合理使用年限。

（2）屋面防水工程、有防水要求的卫生间、房间和外墙面的防渗漏，为 5 年。

（3）供热与供冷系统，为 2 个采暖期、供冷期。

（4）电气管线、给水排水管道、设备安装和装修工程，为 2 年。

15. 下列关于导致工程质量缺陷的因素中，说法正确的有（　　）。

A. 采用不正确的结构方案属于施工管理不到位

B. 图纸未经会审仓促施工，或未经设计单位同意擅自修改设计，属于施工管理不到位

C. 施工方案考虑不周全，或技术交底不清，属于违法违规

D. 无证设计、无证施工和边设计边施工，均属于违背基本建设程序

E. 悬挑结构未进行抗倾覆验算，属于常见质量缺陷中的设计差错

考点： 工程质量缺陷管理——缺陷成因

答案： BE

解析： 选项 A，采用不正确的结构方案属于施工管理不到位，属于“设计差错”。

选项 C，施工方案考虑不周全，或技术交底不清，属于“施工原因”。

选项 D，无证设计、无证施工属于“违法违规”，边设计边施工属于“违背基本建设程序”。

16. 关于工程质量缺陷，下列说法正确的有（　　）。

A. 发生质量缺陷，监理人应签发工程暂停令，要求施工单位进行修复处理

B. 施工单位有责任调查分析缺陷产生的原因，并提出经设计单位认可的处理方案，经监理单位审查质量缺陷处理方案，并签署审查意见

C. 监理单位跟踪检查处理过程，对处理结果进行验收

D. 非施工单位导致的质量缺陷，监理人应核实施工方申报的修复费用，签认工程款支付证书，并报建设单位

E. 对处理结束的处理记录进行整理归档

考点： 工程质量缺陷管理——处理程序

答案： BCDE

解析： 选项 A，发生质量缺陷，监理人应签发监理通知单。

17. 工程质量事故处理的依据有（　　）。

A. 有关合同文件

B. 相关法律、法规

C. 有关工程定额

D. 质量事故实况资料

E. 有关工程技术文件

考点： 工程质量事故管理——处理依据

答案： ABDE

解析： 工程质量事故处理依据包括“法定约定看现场”：相关法律、法规；相关合同文件；质量事故实况资料；工程技术文件、档案。

18. 工程质量事故的实况资料是找出质量事故原因和确定处理对策的基础，它主要来自（　　）。

A. 施工单位的质量事故调查报告

B. 监理单位的事故成因分析报告

C. 监理单位所掌握的质量事故相关资料

D. 技术处理方案和施工方案

E. 监理单位的工程质量事故报告

考点：工程质量事故——处理依据

答案：AC

解析：事故实况资料主要来源于：①事故调查报告；②事故相关资料。

19. 根据《关于做好房屋建筑和市政基础设施工程质量事故报告和调查处理工作的通知》（建质［2010］111号），下列关于工程质量事故等级的说法，正确的有（　　）。

A. 造成10人死亡的事故是较大事故

B. 造成30人重伤的事故是重大事故

C. 造成29人死亡的事故是特别重大事故

D. 造成4000万直接经济损失的事故是较大事故

E. 造成15人死亡的事故是重大事故

考点：工程质量事故——事故类型

答案：DE

解析：选项A、C，造成10人以上，30人以下的事故为重大事故。

选项B，10人以上，50人以下重伤的，为较大事故。

20. 关于工程质量事故，下列说法中正确的有（　　）。

A. 质量事故发生后，监理单位应组织施工单位就所发生的质量事故进行调查，并向监理单位提交调查报告和经设计单位认可的技术处理方案

B. 事故发生后，总监理工程师首先应向施工单位签发《工程暂停令》，同时要求施工单位保护现场，采取防止事故扩大措施；监理人应依法向相关主管部门上报事故

C. 质量事故调查组处理的项目监理机构应积极配合，客观地提供相应证据

D. 涉及结构安全和加固处理等重大技术处理方案，一般由原设计单位提出

E. 技术处理方案经各方签认后，监理机构应制订详细的施工方案

考点：工程质量事故——处理程序

答案：CD

解析：选项A，质量事故发生后，“施工单位有责任”就所发生的质量事故进行调查，并向监理单位提交调查报告和经设计单位认可的技术处理方案。

选项B，事故发生后，监理人应“要求施工方”依法向相关主管部门上报事故。

选项E，应由“施工方”制订详细的施工方案。

21. 关于工程质量事故，下列说法错误的是（　　）。

A. 技术处理方案经各方签认后，对处理过程进行跟踪检查，对处理结果进行验收

B. 对处理后的质量缺陷，必要时，发包人应组织有关单位对处理结果进行鉴定

C. 事故处理完毕，具备复工条件的，施工单位可提出复工申请，监理机构审查施工方报送的《工程复工报审表》

D. 符合要求后，总监理工程师应签署审核意见，报建设单位批准后，签发工程复工令

考点：工程质量事故——处理程序

答案：B

解析：应当由“监理人”组织有关单位对处理结果进行鉴定。

22. 工程质量事故处理完后，项目监理机构应及时向建设单位提交质量事故书面报告，报告的主要内容包括（　　）。

A. 工程及各参建单位名称

B. 事故处理的过程及结果

C. 事故发生后采取的措施及处理方案

D. 质量事故发生的时间、地点、工程部位

E. 对质量事故责任人的处理意见

考点：工程质量事故——处理程序

答案：ABCD

解析：项目监理机构向业主提交的《工程质量事故报告》包括：

（1）工程及各参建单位名称。

（2）事故发生时间、地点、工程部位。

（3）事故发生经过、伤亡人数和预估直接经济损失。

（4）事故发生原因的初步判断。

（5）事故发生后采取的措施及处理方案。

（6）事故处理的过程及结果。

23. 工程质量事故处理目的是消除质量缺陷，以达到建筑物的安全可靠和正常使用功能及寿命要求，并保证后续施工的正常进行。关于事故处理，下列说法正确是（　　）。

A. 处理原则包括：安全可靠、不留隐患，满足建筑物的功能以及技术可行、经济合理

B. 处理要求包括：正确确定事故性质和处理范围

C. 事故实况资料来自《质量事故调查报告》和监理人所掌握的《质量事故相关资料》

D. 质量事故主要处理方案包括：修补处理、返工处理、加固补强和不作处理

考点：工程质量事故——处理原则 & 处理方法

答案：C

解析：选项 A 和选项 B 说反了。选项 D 不包括加固补强处理。

24. 工程施工中发现工程质量缺陷时，可不作专门处理的情形有（　　）。

A. 不影响结构安全和正常使用　　B. 经过后续工序可弥补

C. 经法定检测单位鉴定合格　　D. 处理缺陷会影响工期

E. 经原设计单位核算满足要求

考点： 工程质量事故——处理方法

答案： ABCE

解析： 可不作专门处理的情形包括：

（1）不影响结构安全和正常使用。

（2）有些质量缺陷，经过后续工序可以弥补。

（3）经法定检测单位鉴定合格。

（4）经法定检测机构检测鉴定未达设计要求，经原设计单位核算能够满足结构安全和使用功能。

25. 工程质量事故处理方案的辅助决策方法有（　　）。

A. 检查验收　　B. 定期观测　　C. 试验验证　　D. 方案比较

E. 专家论证

考点： 工程质量事故——辅助决策方法

答案： BCDE

解析： 工程质量事故处理方案的辅助决策方法包括“方案试验看定论”：①方案比较；②试验验证；③定期观测；④专家论证。

26. 关于工程质量事故辅助决策方法，下列说法错误的是（　　）。

A. 试验验证，是针对某些严重质量缺陷的项目采取常规试验以外的试验方法

B. 定期观测，针对某些状态尚未达到稳定，仍会继续发展的质量缺陷

C. 对于某些原因复杂、专业性较强的工程质量缺陷，可采用专家论证法

D. 专家论证，是比较常用的一种方法

考点： 工程质量事故——辅助决策方法

答案： D

解析： 方案比较，是比较常用的一种方法。

27. 工程质量事故处理完成后，监理工程师在施工单位自检合格报验的基础上，应（　　）进行验收。

A. 严格按施工验收标准及有关规范

B. 结合监理人员的旁站、巡视、平行检验结果

C. 依据质量事故调查报告的结果

D. 依据质量事故技术处理方案设计要求

E. 通过实际量测、检查各种资料数据

考点： 工程质量事故——鉴定验收

答案： ADE

解析： 工程质量事故处理完成后，监理工程师在施工单位自检合格报验的基础上：①严格按照施工验收标准及有关规范检查；②依据质量事故技术处理方案设计要求；③通过实际量测、检查各种资料数据进行验收。

28. 为确保设计结构使用，安全质量事故的处理结果需由项目监理机构组织进行的工作是（　　）。

A. 检验鉴定　　B. 定期观测　　C. 专家论证　　D. 定期评估

考点： 工程质量事故——鉴定验收

答案： A

解析： 凡涉及结构安全和其他重要性能的质量事故处理工作，必须进行必要的试验和检验鉴定工作。

2024 年模考卷（四）

1. 关于建设工程质量特性，下列说法正确的是（　　）。

A. 建设工程质量特性表现在安全、适用、耐久、可靠、经济和节能六个方面

B. 可靠性即功能性，是指工程满足使用目的的各种性能

C. 耐久性即寿命，是指工程在规定的条件下，满足规定功能要求

D. 与环境的协调性，指工程与周围生态环境，与所在地区经济环境以及与周围已建工程相协调

考点：建设工程质量七大特性

答案：D

解析：选项 A 错误，建设工程质量特性可总结为“安节环久可经用”七大特性。

选项 B 错误，可靠性指工程应满足“三规”——即规定时间、规定条件下，完成规定功能的能力。该选项描述的是适用性。

选项 C 错误，耐久性即工程合理的寿命周期，应满足“双规”条件——规定的条件下，满足规定功能要求使用的年限。

2. 工程建设不同阶段对工程项目质量起着不同的影响。下列关于工程建设各阶段，说法错误的是（　　）。

A. 可行性研究直接影响的是项目的决策质量和设计质量

B. 决策阶段对工程质量的影响是确定工程项目应达到的质量目标和水平

C. 施工质量是使得质量目标和水平具体化，直接关系到主体结构的安全可靠，和建设投资的综合功能是否充分体现规划意图，是决定工程质量的关键环节

D. 施工活动决定了设计意图能否体现，直接关系到工程的安全可靠，是使用功能的保证，是形成实体质量的决定性环节，是决定工程质量的决定性环节

考点：工程质量形成阶段

答案：C

解析：选项 C 描述的是设计质量。

3. 建设工程质量受到多种因素的影响，下列属于环境因素对工程质量产生影响的有（　　）。

A. 技术环境　　B. 社会环境　　C. 经济环境　　D. 周边环境

E. 作业、管理环境

考点： 工程质量影响因素

答案： ADE

解析： 影响工程质量因素中的“环境因素”涵盖了“作管边技”四个方面，即作业环境、管理环境、周边环境、技术环境。其中，技术环境其实就是“自然环境”。

4. 关于建设工程质量影响因素的说法，下列正确的有（　　）。

A. 影响工程质量的因素包括：人的职业道德、自控能力，材料和机械设备的选用是否合理，施工机械设备价格，施工工艺的先进性

B. 属于工程作业环境条件的包括：防护设施、水文气象、通风照明和施工作业面

C. 工程材料包括建筑材料、设备及工器具、成品、半成品

D. 建造方法包括：工艺方法、操作方法和施工方案

考点： 工程质量影响因素

答案： D

解析： 选项 A 中，影响工程质量的因素中，不包括施工机械设备的价格。

选项 B 中，水文、气象属于技术（自然）环境。

选项 C 中，工程材料“大中小”。这里的材料是指“小材料”，即构成永久工程的“材料、构（配）件、成品、半成品”。“设备及工器具”属于机械设备中的内容。

5. 监理工程师在工程质量控制过程中应遵循的原则不包括（　　）。

A. 坚持质量第一、坚持质量标准

B. 坚持以人为核心

C. 坚持预防为主

D. 坚持科学、公正、守法的职业道德规范

考点： 工程质量控制原则

答案： D

解析： 工程质量控制原则包括：①坚持质量第一；②坚持以人为核心；③坚持质量标准；④坚持预防为主；⑤坚持科学、公平、守法的职业道德规范。

选项 D 描述为“公正”，是错误的。民事合同的双方，只存在公平与否。

6. 坚持质量标准是监理工程师控制工程质量应遵循的原则之一。下列关于工程质量的说法中，正确的有（　　）。

A. 质量控制要以人为核心，重点控制人的素质和人的行为，保证工作质量和工程质量

B. 工程质量标准是评价产品质量的尺度，工程质量不符合标准的，必须返工处理

C. 工程质量是否合格应通过检验并和标准对照确定

D. 监理工程师要求承包人在施工前提交质量控制点明细表并实施质量控制，是遵循“坚持质量标准”的原则

E. 工程质量标准必须在合同文件中规定

考点： 工程质量控制原则

答案： ABCE

解析： 选项 D 描述的是“坚持预防为主”原则。提交质量控制明细表是为了对质量问题进行预控。

7. 建设工程发生质量事故，有关单位应当在（　　）小时内向当地建设行政主管部门和其他有关部门报告。

A. 1　　B. 2　　C. 12　　D. 24

考点： 工程质量管理制度——事故管理

答案： D

解析： 建设工程发生质量事故，有关单位应当在 24 小时内向当地建设行政主管部门和其他有关部门报告。

8. 工程竣工验收时，应当具备的条件有（　　）。

A. 上级部门的批准文件

B. 完整的技术档案与施工管理资料

C. 工程竣工验收备案表

D. 勘察、设计、施工、监理等单位分别签署的质量合格文件

E. 施工单位签署的工程保修书

考点： 工程质量管理制度——竣工验收

答案： BDE

解析： 工程竣工验收的条件，包括“四有一完成”：

（1）完成建设工程设计和合同约定的各项内容。

（2）有完整的技术档案和施工管理资料。

（3）有主要材料、构（配）件和设备进场试验报告。

（4）有“勘、设、施、监”分别签署的质量合格文件。

（5）有施工单位签署的工程保修书。

9. 根据《建设工程质量管理条例》，建设工程的保修期自工程（　　）之日起计算。

A. 竣工预验收合格　　B. 竣工验收报告提交

C. 竣工验收合格　　D. 竣工备案

考点： 工程质量管理制度——工程质量保修

答案： C

解析： 根据《建设工程质量管理条例》，工程保修期自竣工验收合格之日起计算。

10. 发生涉及结构安全或者严重影响使用功能的紧急抢修事故。施工单位接到保修通知后，应当（　　）。

A. 立即到达现场保修　　B. 在保修书约定的时间内予以保修

C. 在方便时予以保修　　D. 在保修期内的任意时间内到场保修

考点：工程质量管理制度——工程质量保修

答案：A

解析：《房屋建筑工程质量保修办法》第九条：发生涉及结构安全或者严重影响使用功能的紧急抢修事故，施工单位接到保修通知后，应当立即到达现场抢修。

11. 根据《建设工程质量管理条例》，在正常使用条件下，下列关于建设工程最低保修期限的说法中，正确的有（　　）。

A. 地基基础和主体结构工程为设计文件规定的合理使用年限

B. 屋面防水工程为设计文件规定的合理使用年限

C. 供热与供冷系统为 2 个采暖期、供冷期

D. 有防水要求的卫生间为 5 年

E. 电气管线和设备安装工程为 5 年

考点：工程质量管理制度——工程质量保修

答案：ACD

解析：屋面防水工程最低保修期限为 5 年；电气管线和设备安装工程为 2 年。

12. 政府监督管理工程质量的主要职能，不体现在（　　）。

A. 建立和完善工程质量管理法规

B. 建立和落实工程质量责任制度

C. 建设活动主体资格及承、发包管理

D. 控制工程建设程序及企业质量体系认证

考点：政府监督管理职能

答案：D

解析：工程质量监督管理包括下列内容：

（1）建立和完善工程质量管理法规。

（2）建立和落实工程质量责任制。

（3）建设活动主体资格管理。

（4）工程承、发包管理。

（5）工程建设程序管理。

（6）工程质量监督管理。

13. 政府建设主管部门建立的工程质量管理制度有（　　）。

A. 施工图设计文件审查制度　　B. 工程施工许可制度

C. 工程质量保修制度　　D. 工程质量监督制度

E. 工程质量管理体系认证制度

考点：政府监督管理职能

答案：ABCD

解析：政府主管部门建立的工程质量管理制度包括：

（1）工程质量监督制度。

（2）施工图设计文件审查制度。

（3）建筑工程施工许可制度。

（4）工程质量检测制度。

（5）工程竣工验收与备案制度。

（6）工程质量保修制度。

14. 工程质量监督机构依法对工程质量进行强制性监督的主要任务有（　　）。

A. 检测现场主要的建筑材料质量

B. 检查施工现场工程建设各主体质量行为和工程实体质量

C. 定期对本地区工程质量状况进行统计分析

D. 审查施工图涉及工程建设强制性标准的内容

E. 监督分部（分项）工程质量验收

考点：工程质量监督管理主要内容

答案：ABC

解析：工程质量监督管理包括下列内容：

（1）执行法律、法规和工程建设强制性标准的情况。

（2）抽查涉及工程主体结构安全和主要使用功能的工程实体质量。

（3）抽查工程质量责任主体（建设、勘察、设计、施工和监理）和质量检测等单位的工程质量行为。

（4）抽查主要建筑材料、建筑构（配）件的质量。

（5）组织或参与工程质量事故的调查处理。

（6）对工程竣工验收进行监督。

（7）定期对本地区工程质量状况进行统计分析。

（8）依法对违法违规行为实施处罚。

15. 根据《建设工程质量管理条例》，勘察单位应承担的质量责任包括（　　）。

A. 组织编写勘察纲要

B. 组织相关勘察人员及时解决工程设计和施工中与勘察工作有关的问题

C. 组织施工验槽

D. 组织勘察人员参加工程竣工验收，验收合格后在相关验收文件上签字

E. 组织勘察人员参与相关工程质量安全事故分析，并对因勘察原因造成的质量、安全事故提出技术处理措施

考点：参建各方质量责任——勘察方

答案：ABDE

解析：选项 C 错误。组织施工验槽是总监理工程师的职责。

选项 D 正确。容易把选项 D 理解成建设单位的责任，建设单位是组织“勘设施监”各单位进行竣工验收，而勘察单位是组织自家企业内部的“人员”参加就竣工验收。

16. 下列属于《质量管理体系　基础和术语》（GB/T 19000—2016）族标准中的质量管理原则的有（　　）。

A. 过程方法　　B. 组织作用　　C. 改进　　D. 过程管理

E. 全员参与

考点：企业质量管理体系——管理原则

答案：ACE

解析：质量管理原则包括：①以顾客为焦点；②领导作用；③全员参与；④过程方法；⑤改进；⑥循证决策；⑦关系管理。

17. 下列关于《质量管理体系　基础和术语》（GB/T 19000—2016）族标准中的质量管理原则，说法错误的是（　　）。

A. 领导作用，是确保关注顾客要求和建立一个有效的质量管理体系

B. 质量方针是组织最高管理者发布该组织总的质量宗旨和方向

C. 持续改进的核心是提高有效性和效率，实现质量目标

D. “系统地识别和管理组织所应用的过程，特别是过程之间的逻辑系统和相互作用”属于循证决策原则

考点：企业质量管理体系——管理原则

答案：D

解析：系统地识别和管理组织所应用的过程，特别是过程之间的逻辑系统和相互作用属于过程管理原则。

18. 根据质量管理体系理论，质量管理体系的目的就是要（　　）。

A. 提高企业经济效益　　B. 帮助组织增进顾客满意

C. 持续改进产品质量　　D. 提高组织的声誉和效率

考点：企业质量管理体系——管理原则

答案：B

解析：所谓的“质量”是对外的管理。质量管理体系的目的就是要“帮助组织增进顾客满意”。

19. 下列属于《质量管理体系　基础和术语》（GB/T 19000—2016）族标准中的质量七项管理原则中，说法错误的是（　　）。

A. 持续改进是组织发展、增强参与市场竞争能力并取得优胜的一个重要条件

B. 所有人员的胜任、授权和充分参与，是提高组织创造和提供价值能力的必要条件

C. 循证决策，是建立在数据、信息分析和评价等主观把控的基础上

D. 组织应从质量管理体系的适宜性、充分性和有效性方面进行“持续改进”

考点：企业质量管理体系——管理原则

答案：C

解析：循证决策，是建立在数据、信息分析和评价等“客观”把控的基础上。

20. 质量管理体系的建立包括：管理体系的策划与准备、质量管理体系总体设计和编写质量管理体系。其中，关于质量管理体系总体设计的说法正确的是（　　）。

A. 质量目标是由组织的最高管理者正式发布的该组织总的质量宗旨和方向

B. 质量方针应以质量目标为框架具体展开

C. 质量方针为组织确定了未来发展的蓝图，也为质量目标的建立和评审提供了框架

D. 监理单位质量目标的制订要突出监理工作服务性、科学性和公正性的要求

考点：企业质量管理体系——建立

答案：C

解析：选项 A 中，“质量方针”是由组织的最高管理者正式发布的该组织总的质量宗旨和方向。

选项 B 中，说反了，质量目标应以质量方针为框架具体展开。

选项 D 中，监理单位质量目标的制订，要突出监理工作的服务性、科学性和“公平性”。

21. 组织的质量管理体系文件包括（　　）。

A. 质量手册　　　　B. 质量管理体系程序文件

C. 质量策划　　　　D. 质量计划

E. 质量记录

考点：企业质量管理体系——建立

答案：ABE

解析：企业质量管理体系文件包括：①质量手册；②程序性文件；③质量记录。

22. 下列关于监理企业质量管理体系文件的说法中，错误的是（　　）。

A. 质量手册是监理企业具体作业活动的纲领性文件

B. 程序性文件是质量手册的支持性文件，起承上启下的作用

C. 作业文件是程序性文件的支持性文件，是具体作业活动的指示性文件

D. 合同评审记录属于与监理服务产品有关的质量记录

考点：企业质量管理体系——建立

答案：D

解析：选项 D 中，合同评审记录专属于企业内部质量记录，因此属于“与质量管理体

系”有关的质量记录。

质量管理体系文件	
第一层：质量手册（纲领性文件）	
第二层：程序性文件（承上启下，支持性文件）	
第三层：质量记录表格（操作指示性文件）	
一类：与质量管理体系有关（对内—企业）	二类：与监理服务产品有关（对外—项目）
（1）合同评审记录	（1）监理旁站记录
（2）内部审核记录	（2）材料设备验收记录
（3）管理评审记录	（3）纠正预防措施记录
（4）培训记录	（4）不合格品处理记录
（5）文件控制记录	

23. 监理企业质量管理体系文件中的程序性文件，不包括（　　）。

A. 文件控制程序，质量记录控制程序

B. 不合格品控制程序，内部审核控制程序

C. 纠正措施控制程序，预防措施控制程序

D. 质量认证及质量监督程序

考点：企业质量管理体系——建立

答案：D

解析：监理企业程序性文件包括“文质不预很内纠”（联想记忆：蚊子不育很内疚）：①文件控制程序；②质量记录控制程序；③不合格品控制程序；④内部审核控制程序；⑤纠正措施控制程序；⑥预防措施控制程序。

24. 质量管理体系运行及改进阶段需完成的主要任务有（　　）。

A. 质量管理体系文件的贯宣　　B. 运行、建立记录

C. 纠正措施　　D. 内部审核及管理评审

E. 绩效考核

考点：企业质量管理体系——实施

答案：ABCD

解析：质量管理体系运行及改进阶段的主要任务包括：

（1）贯宣：质量管理体系文件的贯宣。

（2）建立：运行、建立记录。

（3）纠错：纠正措施。

（4）内审：内部审核。

（5）评审：管理评审。

25. 关于 ISO 质量管理体系中，质量管理体系的有效运行可以概括为全面贯彻、行为到

（5）检查用料（料）。

标准：（6）明确设备制造过程要求及质量标准。

图纸：（7）熟悉图纸、合同，掌握标准、规范规程，明确质量要求。

48. 工程监理单位控制设备制造过程质量的主要内容有（　　）。

A. 控制设计变更　　B. 控制加工作业条件

C. 处置不合格零件　　D. 明确设备制造过程的要求

E. 检查工序产品

考点：设备监造质量控制——设备监造三种方式

答案：ABCE

解析：设备监造中，监理单位的质量控制工作可总结为“工业变格零配件”：

工：（1）工序产品的检查与控制。

业：（2）对加工作业条件的控制。

变：（3）对设计变更的处理。

格：（4）对不合格零件的处置。

零配件：（5）对零件、半成品、制成品的保护。

49. 在设备制造过程中如需对设备的原设计进行变更，应由（　　）审查设计变更，并应协调处理因变更引起的费用和工期调整。

A. 设计单位　　B. 建设单位　　C. 项目监理机构　　D. 采购单位

考点：设备采购质量控制——综合考点

答案：C

解析：设备制造过程中，进行设计修改的，应由原设计单位出具书面变更通知或变更图，总监理工程师组织监理机构审查设计变更及协调因设计变更引起的费用及工期变化。